高职高专计算机类专业教材·数字媒体系列

游戏UI设计

Game UI Design

袁懿磊　周璇　主编

袁懿德　周子炜　周华设　朱星雨　副主编

U0291301

电子工业出版社

Publishing House of Electronics Industry

北京·BEIJING

内 容 简 介

本书是由广东科学技术职业学院艺术设计学院游戏设计教研室联合珠三角地区游戏设计公司中资深游戏 UI 设计师共同打造的一本关于游戏 UI 设计的教材。书中结合了作者丰富的工作经验和教学经验，通过具体的案例，以一线游戏 UI 设计师的视角，为读者全面讲解游戏 UI 设计过程。

全书精选了 UI 设计中专门的游戏项目案例，共分 6 章，每章包含游戏界面设计的基础知识和案例制作过程详解，第 1 章游戏界面美术基础，第 2 章游戏界面设计和工作流程，第 3 章按钮设计，第 4 章图标、图形设计，第 5 章游戏主界面设计，第 6 章游戏 LOGO 与 ICON 设计。其中，在第 3～6 章中穿插了丰富的案例制作经验和不同应用系统的游戏界面的制作规范。

本书内容丰富，讲解详尽，同时配合微课视频对重、难点进行讲解，还提供教学课件和案例素材等资源。本书可作为高等职业院校和应用型本科院校游戏设计和数字媒体应用技术等专业的教材，也可作为游戏 UI 设计初学者的自学参考书。

图书在版编目（CIP）数据

游戏UI设计 / 袁懿磊，周璇主编. — 北京：电子工业出版社，2019.6

ISBN 978-7-121-35045-0

Ⅰ.①游… Ⅱ.①袁…②周… Ⅲ.①游戏程序－程序设计－高等学校－教材 Ⅳ.①TP317.6

中国版本图书馆CIP数据核字（2018）第212563号

责任编辑：左　雅

印　　刷：北京富诚彩色印刷有限公司

装　　订：北京富诚彩色印刷有限公司

出版发行：电子工业出版社

　　　　　北京市海淀区万寿路173信箱　　邮编：100036

开　　本：787×1 092　　1/16　　印张：13.25　　字数：339.2千字

版　　次：2019年6月第1版

印　　次：2024年1月第7次印刷

定　　价：65.00元

随着移动互联行业的飞速发展，手机游戏越来越受到游戏爱好者的欢迎。游戏 UI 设计是近几年非常流行的名词，国内外创意产业中的游戏设计企业对游戏 UI 设计越来越重视，将其提升到十分重要的地位。

网页游戏界面、游戏操作界面、智能电视游戏界面、VR 虚拟游戏等的设计都需要游戏 UI 设计师，而且随着游戏玩家越来越强调体验的重要性，游戏 UI 设计师既要设计出赏心悦目的视觉效果，又要实现完美的交互设计。因此，想在游戏设计行业有所发展，好好攻克游戏 UI 设计这一关，职业前景也会更加广阔！

本书运用了大量的翔实的设计案例，内容涵盖了游戏界面设计的工作流程，游戏界面设计创意思维训练、技能操作训练，扁平化风格、Q 版风格、欧美风格、像素游戏的按钮、图标、图形、LOGO、ICON 等设计，重点对不同美术风格的游戏界面设计进行介绍，在案例制作过程中渗透主流游戏界面的设计理念和绘制技巧。

本书内容丰富，叙述详细，重点突出，通俗易懂，注重理论与实践相结合。本书共 6 章，第 1 章游戏界面美术基础，第 2 章游戏界面设计和工作流程，第 3 章按钮设计，第 4 章图标、图形设计，第 5 章游戏主界面设计，第 6 章游戏 LOGO 与 ICON 设计。其中，第 3 ～ 6 章中穿插了丰富的案例制作经验和不同应用系统的游戏界面设计的制作规范。

本书由袁懿磊和周璇担任主编并负责统稿，由袁懿德、周子炜、周华设和朱星雨担任副主编。编者分别根据其熟悉的领域进行了案例的梳理与总结，参编人员都来自于游戏设计专业，均有着扎实的企业工作经验和丰富的教学经验。在此要感谢广东科学技术职业学院艺术设计学院对本书的编写提供的大力支持。

本书可作为高等职业院校和应用型本科游戏设计和数字媒体应用技术等专业的教材，也可作为游戏界面设计初学者的自学参考书。

本书参考授课学时和微课学时建议如下，读者可据此自主安排学习进度。

章 节	内 容	授课学时	微课学时
第 1 章	游戏界面美术基础	8	
第 2 章	游戏界面设计和工作流程	6	
第 3 章	按钮设计	8	6
第 4 章	图标、图形设计	12	10
第 5 章	游戏主界面设计	16	14
第 6 章	游戏 LOGO 与 ICON 设计	12	10

为了方便读者进行学习交流，本书提供配套的电子课件、微课视频、案例和素材，可登录华信教育资源网（www.hxedu.com.cn）免费注册后下载，或者联系编者邮箱：271140567@qq.com。尊重大家的语言习惯，本书在讲述中不严格区分 UI 设计和界面设计的名词用法。由于编者水平有限，书中的疏漏之处在所难免，敬请专家与读者批评指正。

编 者

Contents 目录

第 ① 章 游戏界面美术基础

第 ② 章 游戏界面设计和工作流程

第 ③ 章 按钮设计

第 ④ 章　图标、图形设计

第 ⑤ 章　游戏主界面设计

第 ⑥ 章　游戏 LOGO 与 ICON 设计

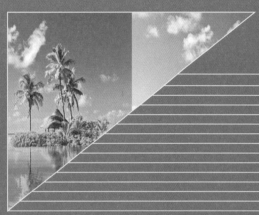

第 **1** 章　游戏界面美术基础

手机游戏设计制作概述

1. 无线通信服务的发展

就在电脑游戏大量涌现，各大游戏开发公司激烈竞争的时候，一个潜力巨大的市场金矿已经进入意识先进的企业家的视野。

近年来，无线通信业务以惊人的速度迅猛发展，手机用户数量呈几何增长，如图 1-1 所示。据工业和信息化部最新数据显示，2018 年，我国手机用户数达 15.7 亿户。手机更新换代的速度很快，硬件的性能不断提升，手机业务和增值服务不断丰富，其发展态势完全复制了过去计算机和互联网的发展态势。移动端应用已经成为一个不容忽视的巨大市场。

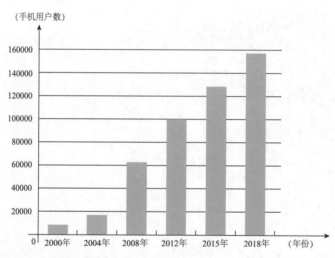

▲ 图 1-1　手机用户数量呈几何增长

2. 手机游戏的产生与发展

（1）什么是手机游戏

手机游戏，简单来说，是指运行于手机上的游戏软件。运行于移动型平板电脑中的游戏也可统归于手机游戏的行列。

最初的手机游戏大多是出厂时内嵌在手机里的一些非常简单的游戏，比如俄罗斯方块、贪吃蛇等。随着手机性能的提升，人们已经不满足于单纯的收发短信、通话等基本功能，开始有兴趣注意到手机的附加功能。手机作为一种便携式移动设备，在人们闲暇之余，或在坐车途中，常常可以作为娱乐的工具，而手机游戏就是手机上最好的娱乐方式之一。随着手机硬件和软件技术的不断发展，手机游戏开发及其商业应用也得到了快速的发展，现在的手机游戏采用了更为直观且更为精美的画面直接表现，已发展到了可以和掌上游戏机媲美的程度，具有很强的娱乐性和复杂的交互性，因此广受玩家们的欢迎。目前用来编写手机游戏程序常用的是

Android、HTML5 语言。

如图 1-2 所示为运行于 Nokia 1110i 的游戏贪吃蛇。

主屏参数：单色屏，96×68 像素。

曾经火爆一时的贪吃蛇游戏就是在这块单色屏幕上展现它的魅力的。这款经典手机游戏既简单又耐玩，玩家通过键盘控制蛇在地图上寻找食物，吃下蛋会使蛇变长，吃到一定数量的蛋就会过关。

如图 1-3 所示为运行于 Sony Ericsson W700 的游戏街机泡泡龙。

主屏参数：1.8 英寸 26 万色 TFT 屏，176×220 像素。

把街机泡泡龙移植到手机平台上，这在手机游戏上是一种常见的手段。从屏幕下方中央的弹珠发射台射出彩珠，多于 3 个同色珠相连则会消失。

如图 1-4 所示为运行于 Apple iPhone6 Plus 的游戏愤怒的小鸟。

主屏参数：5.5 英寸 1600 万色 IPS 屏，1920×1080 像素。

愤怒的小鸟无论在玩法和画面效果上都较以往的手机游戏取得了巨大的进步，它合理利用了大屏手机随意滑动的特点，游戏通过弹弓射击小鸟来摧毁游戏建筑物最终击败绿色的小猪。

Nokia 1110i　　　　Sony Ericsson W700　　　　Apple iphone 6 plus

▲ 图 1-2　游戏贪吃蛇　　▲ 图 1-3　游戏街机泡泡龙　　▲ 图 1-4　游戏愤怒的小鸟

（2）常见的手机操作系统

目前常见的手机操作系统有 iOS 系统、Android 系统、Symbian 系统、微软系统、RIM 系统、MTK 系统、Linux 系统等，如图 1-5 所示。

（3）手机游戏的发展

如图 1-6 所示为手机游戏跨代之后的特性转变。

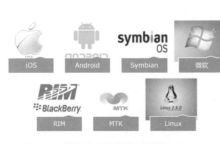 

▲ 图 1-5　常见的手机操作系统 LOGO　　▲ 图 1-6　手机游戏跨代后的特性转变

3. 手机游戏开发

（1）手机游戏的开发成员

手机游戏的开发成员分类如图 1-7 所示。各个职位有着不同的分工和职责。

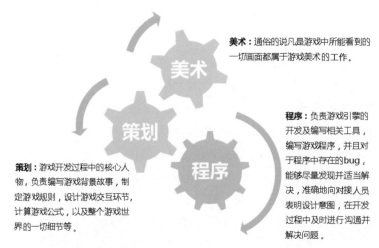

美术：通俗的说凡是游戏中所能看到的一切画面都属于游戏美术的工作。

程序：负责游戏引擎的开发及编写相关工具，编写游戏程序，并且对于程序中存在的 bug，能够尽量发现并适当解决，准确地向对接人员表明设计意图，在开发过程中及时进行沟通并解决问题。

策划：游戏开发过程中的核心人物，负责编写游戏背景故事，制定游戏规则，设计游戏交互环节，计算游戏公式，以及整个游戏世界的一切细节等。

▲ 图 1-7　手机游戏开发成员分类

① 策划的职责：框架设计；功能模块设计；数值模块设计；文案内容设计；协助美术部完成游戏美术设定工作；协助程序理解功能模块的设计思路与逻辑关系，完成功能的实现；确保产品的核心内容在设计与实现后没有本质差别。

② 程序的职责：制作 / 选择引擎、编辑器；搭建语言环境；设计功能模块；根据策划所设计的数值调试游戏数据，设计游戏 AI；维护服务器数据。

常用游戏引擎如图 1-8 所示。

	名称	介绍
2D	**Cocos2d (Object-C)**	◦ iOS开发库； ◦ sprite(精灵)支持图形效果、动画效果、物理库、音频引擎等； ◦ 稳定； ◦ 平台单一
	Cocos2d-x (C++)	◦ 支持多平台
3D	**虚幻 4**	◦ 可视化操作； ◦ 资源优化； ◦ 视觉、动作、声效、AI高质量； ◦ 稳定； ◦ 价格昂贵，不够普及
	Unity3D	◦ 普及性强，简单易用； ◦ 价格低； ◦ 支持多平台； ◦ 相对而言效果不够精良，适合小型开发； ◦ 不稳定
	其他自研引擎	不够稳定，潜在问题不确定

▲ 图 1-8　常用游戏引擎

虚幻 4 代表游戏如图 1-9 和图 1-10 所示。

▲ 图 1-9　虚幻 4 代表游戏蝙蝠侠

▲ 图 1-10　虚幻 4 代表游戏无尽之剑

Unity 3D（简称 U3D）代表游戏如图 1-11 和图 1-12 所示。

▲ 图 1-11　U3D 代表游戏萌战记

▲ 图 1-12　U3D 代表游戏天神传

③ 美术的职责：美术画面是玩家对游戏的第一印象，而一款游戏的画面能否吸引眼球，也决定了游戏对玩家的黏性。所以，美术部门的首要工作是风格设计。美术的一切设计都要有题材和根据，这就需要与策划部门相配合，将策划所提供的文字设计具象化。最后，再将一切设计用程序所提供的工具实现于设备上。

美术在游戏开发中的工作过程如图 1-13 所示。

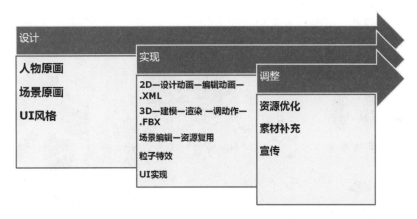

▲ 图 1-13　美术在游戏开发中的工作过程

3D 美术设计到实现的过程如图 1-14 所示。3D 转 2D 实现的过程如图 1-15 所示。

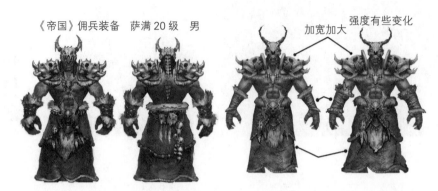

▲ 图 1-14　3D 美术设计到实现的过程

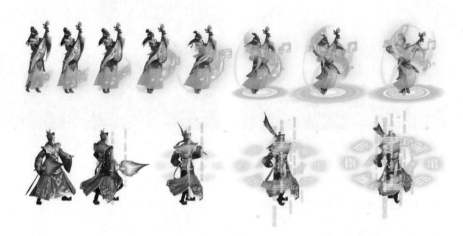

▲ 图 1-15　3D 转 2D 实现的过程

2D 手机游戏中的像素游戏从设计到实现的过程如图 1-16 所示。

▲ 图 1-16　2D 手机游戏中的像素游戏从设计到实现的过程

2D 手机游戏中的动画编辑从设计到实现的过程如图 1-17 所示。

待机、走

跑

蹲伏、倒地

左劈

横扫

上撩

前刺

施法

重劈

连招

▲ 图 1-17　2D 手机游戏中的动画编辑从设计到实现的过程

2D 手机游戏从设计到实现的过程如图 1-18 所示。

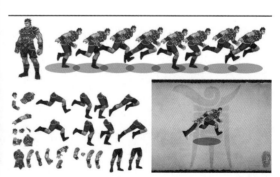

▲ 图 1-18　2D 手机游戏从设计到实现的过程

（2）手机游戏开发过程

手机游戏开发步骤如图 1-19 所示。

（3）常见的几种收费模式

手机游戏收费分为三种模式，分别是下载收费、广告收费和道具收费，如图 1-20 所示。不同收费模式简述如图 1-21 所示。

▲ 图 1-19　手机游戏开发步骤 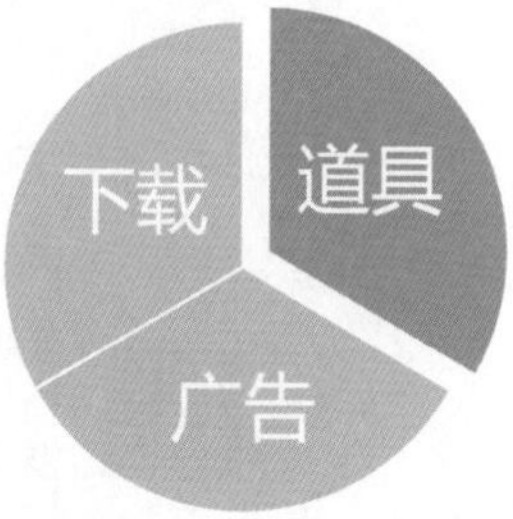　　　　　　　　　　▲ 图 1-20　手机游戏收费模式

形式	简述
下载收费	适合"大作"。需要游戏本身制作水准高，品牌效应足够好。还要在各大平台能位居前列，才会有用户愿意在玩游戏之前为游戏付费
广告收费	收费广告主要的形式有：CPA、CPI(安装收费)、CPC（点击收费）、CPV（播放视频收费）等 多数适合短平快单机类小游戏，每种广告形式都要根据游戏产品的不同特点相结合
道具收费	适用于联网游戏，模式与网页游戏基本相同

▲ 图 1-21　不同收费模式简述

1.2 色彩基础知识

随着移动 UI 设计的飞速发展，流行的设计风格也在不断变化。一个好的 UI 设计会给用户带来深刻的记忆、好用易用的体验。UI 设计的版式、信息层级、图片、色彩等视觉方面的运用，直接影响到用户对 UI 的最初感觉，而在这些内容中，色彩的搭配方案是至关重要的，产品整体的定位、风格调性都需要通过颜色给用户带来感官上的刺激，从而产生共鸣。色彩是移

动 UI 设计最重要的因素之一，并且有自己的流行趋势。色彩是一个界面的情绪表达方式或者说是性格特征的体现，每种颜色都有着属于自己的声音。好的色彩可以让用户更舒服，更愉悦，同时能营造更好的气氛。

1. 色彩的三要素

（1）色相

① 色相是指色彩的相貌，体现了色彩外向的性格，是色彩的灵魂。

我们最常见的色谱"虹"就是把颜色按照"红—橙—黄—绿—青—蓝—紫"依次过渡渐变，色相两端分别是暖色、冷色，中间为中间色或中型色，如图 1-22 所示。

② 色相环。通过把两种或两种以上的颜色混合在一起，就可以得到一种特殊的颜色。从本质上讲，色相环就是色谱可以看到的颜色所形成的线性连续环。红色、橙色、黄色、绿色、青色、蓝色、紫色这七种颜色头尾相接，形成一个闭合的环。

在从红到紫的光谱中，等间的选择 5 个色，即红（R）、黄（Y）、绿（G）、蓝（B）、紫（P）。相邻的两个色相互混合又得到：黄红（YR）、黄绿 (GY)、蓝绿 (BG)、蓝紫 (PB)、红紫（RP），从而构成一个首尾相接的环，被称为孟赛尔色相环，如图 1-23 所示。

▲ 图 1-22　色相　　　　　　　　　　　　　　　▲ 图 1-23　孟赛尔色相环

③ 原色是指无法用其他颜色混合得到的颜色，即第一次色。理论上讲原色只有三种：红、黄、蓝。色光三原色分别是：红、绿、蓝。印刷中三原色分别是：红、黄、青。原色是构成其他颜色的母色，原色不能由其他颜色调出却可以按照一定数量规则合成其他任何颜色。

④ 间色：三原色中任何两种混合产生的颜色称为间色，又称第二色。间色也有三种：橙、绿、紫。

⑤ 邻近色是指在色环上相邻的各种颜色，如：黄绿、黄、橙黄、橙等。如果从橙色开始，它的两种邻近色应该选择红和黄。用邻近色的颜色作为主题色可以实现色彩的融洽与融合。

⑥ 同类色指色素比较相近的不同颜色，如：大红、朱红、玫瑰红、深红等颜色就是同类色。

⑦ 补色（互补色）：在色环上，相对的两种颜色（即在同一条直径两端的两种颜色）为一组补色，如：红和绿、橙和蓝、黄和紫都是补色。补色的对比十分强烈，视觉上给人不和谐的感觉。补色的组合可以使人感觉红的更红绿的更绿，虽然不和谐，但如果运用得好的话也可以很漂亮，视觉冲击力很强；如果运用得不好，就会给人俗气、刺眼的感觉。如果想使色彩强烈突出的话，可以选择互补色。

分离补色由两到三种颜色组成。选择一种颜色，它的补色在色环的另一侧，可以使用补色那一侧的一种或多种颜色。例如，使用邻近色作为背景，补色作为文本色，在这种方式下，背景色之间完全地融合在一起，不会引起人们特别多的注意，并且能够使文字突出出来。

⑧ 组色是色环上距离相等的任意三种颜色。组色被用作一个色彩主题时，因为三种颜色形成对比，会给浏览者造成紧张的情绪。

⑨ 色彩的范畴分为无色彩与有色彩两大范畴。无色彩指黑、白、灰等无单色光，不带颜色的色彩，即反射白光的色彩；如图 1-24 所示。有色彩指有单色光，即：红、橙、黄、绿、蓝、紫。

（2）明度

明度就是色彩的明暗差别，如深红、大红以及粉红等，如图 1-25 所示。

▲ 图 1–24 无色彩   ▲ 图 1-25 明度

在无色彩中，明度最高的色为白色，明度最低的色为黑色，中间存在一个从亮到暗的灰色系列。在彩色中，任何一种纯度都有着自己的明度特征，例如：黄色为明度最高的色，紫色为明度最低的色。明度在色彩三要素中具有较强的独立性，它可以不带任何色相的特征而通过黑白灰的关系单独呈现出来。色相与纯度则必须依赖一定的明暗才能显现，色彩一旦显现，明暗关系就会出现。我们可以把这种抽象出来的明度关系看作色彩的骨骼，它是色彩结构的关键。

（3）饱和度

饱和度是指色彩的鲜艳程度，也称色彩的纯度，如图 1-26 所示。

▲ 图 1-26 饱和度

混入白色，鲜艳度降低，明度提高；混入黑色，鲜艳度降低，明度变暗；混入明度相同的中性灰时，纯度降低，明度没有改变。不同的色相不但明度不等，纯度也不相等。纯度最高为红色，黄色纯度也较高，绿色纯度为红色的一半左右。纯度体现了色彩内向的品格。同一色相，即使纯度发生了细微的变化，也会带来色彩性格的变化。

2. 色彩的情感

色彩的情感是因为人们长期生活在色彩的世界中，积累了许多视觉经验，视觉经验与外来色彩刺激产生呼应时，就会在心理上引出某种情绪。颜色可以左右用户的情绪，也可以影响用户的判断。因此设计师必须学会善用色彩，用色彩去正确传达设计的本质和内涵。当色彩被正确传达后，便能与用户产生心灵共鸣。

（1）**红色**：活力、速度、紧迫感、热情，是强有力的色彩，是热烈、冲动的色彩，高度的庄严肃穆。

在深红的底子上，红色平静下来，热度在下降；在蓝色的底子上，红色就像炽烈燃烧的火焰；在黄绿色的底子上，红色变成一簇冒失的、鲁莽的闯入者，激烈而又不寻常；在橙色的底子上，红色似乎被郁积着，暗淡而无生命，好像焦干了似的。

（2）**粉色**：浪漫、女性化。

（3）**橙色**：积极、进取、活力、轻快、时尚，是十分欢快活泼的色彩，是暖色系中最温暖的色，常用于唤起行动，如按钮的颜色常用橙色。

橙色稍稍混入黑色或白色，会成为一种稳重、含蓄又明快的暖色，但混入较多黑色，就会成为一种烧焦的色；橙色中加入较多的白色会带有一种甜腻的味道。橙色与蓝色搭配，构成了最欢快的色彩。

（4）**黄色**：青春、乐观、豁达，明度高，是亮度最高的色，在高明度下能保持很强的纯度，因此常被用作点睛之笔。黄色的灿烂、辉煌有着太阳般的光辉，象征着照亮黑暗的智慧之光；黄色有金色的光芒，又象征财富和权力，是骄傲的色彩。

紫色的衬托可以使黄色达到力量无限扩大的强度。白色是吞没黄色的色彩，淡淡的粉红色也可以像美丽的少女一样将黄色这骄傲的王子征服。黄色最不能承受黑色或白色的侵蚀，稍微渗入，黄色即刻会失去光辉。

（5）**绿色**：宁静、希望、生命力、轻松、天然、无污染。鲜艳的绿色非常美丽，优雅，很宽容、大度。

无论蓝色或黄色渗入，绿色仍旧十分美丽。黄绿色单纯、年轻；蓝绿色清秀、豁达。含灰的绿色也仍是一种宁静、平和的色彩。

（6）**蓝色**：凉爽、清新、专业、信任、安全、有底蕴，是博大的色彩，是永恒的象征。

蓝色是最冷的颜色，在纯净的情况下并不代表感情上的冷漠，只不过表现出一种平静、理智与纯净而已。真正令人情感冷酷、悲哀的颜色，是被弄混浊的蓝色。

（7）**紫色**：安抚、冷静、是非知觉的色，神秘，给人印象深刻，有时给人以压迫感，并且因对比不同，时而富有威胁性，时而又富有鼓舞性。

当紫色以色域出现时便可能明显产生恐怖感，在倾向于紫红色时更是如此。

紫色是象征虔诚的色相，当紫色深化、暗化时又是蒙昧迷信的象征。一旦紫色被淡化，当光明与理解照亮虔诚之色时，优美可爱的晕色就会使我们心醉。

用紫色表现混乱、死亡和兴奋，用蓝紫色表现孤独与献身，用红紫色表现神圣、爱和精神的统辖领域——简而言之，这就是紫色色带的一些表现价值。

（8）**黑、白、灰色**：无彩色在心理上与有彩色具有同样价值。

黑和白是对色彩的最后抽象，代表色彩的阴极和阳极。黑白两色是极端对立的色，然而有时又令人感到它们之间有难以言状的共性。它们所具有的抽象表现力以及神秘感，似乎能超越任何色彩的深度。它们都可以表达对死亡的恐惧和悲哀，都具有不可超越的虚幻。

康丁斯基认为，黑色意味空无，像太阳的毁灭，像永恒的沉默，没有未来，失去希望；而白色的沉默不是死亡，而是有无尽的可能性。

白色：洁白、纯真。

黑色：深沉、影响力、时髦、严肃。

灰色：中庸。

3. 色彩与心理

物体通过表面色彩可以给人们或温暖或寒冷或凉爽的感觉。一般说来，温度感觉是通过感觉器官触于物体而来的，与色彩风马牛不相及，但实际上，各类物体借助五彩缤纷的色彩确实给人一定的温度感觉。

（1）暖色

暖色由红色调组成，比如红色、橙色和黄色。选择这些颜色赋予页面温暖、舒适和活力，也产生了一种色彩向浏览者显示或移动，并从页面中突出出来的可视化效果。同时也使人联想到阳光、烈火，如图 1-27 所示燃烧的森林。

暖色调会让人产生的心理效应包括：

① 温度感：暖色会让人感觉温度较高。

② 空间感：暖色会产生膨胀效应，会有向外突出的感觉。

③ 暖色更容易唤起食欲。

④ 暖色在较为饱和时，会给人刺激的感觉，有提神的作用；但是如果较为柔和，反而会具有让人感觉安心的作用。

（2）冷色

冷色来自于蓝色色调，比如蓝色、青色和绿色。它们与黑夜、寒冷相联，如图 1-28 所示夜晚被灯光照亮的宾馆大厦，感觉冷冷的。

▲ 图 1-27　燃烧的森林　　　　　　　　▲ 图 1-28　夜晚被灯光照亮的宾馆大厦

冷色调会让人产生的心理效应包括：

① 温度感：冷色会让人感觉温度较低，较为凉爽。

② 空间感：冷色会产生收缩效应，会有后退的感觉。

③ 冷色会让人更冷静，身心放松，具有催眠的效应。

（3）色彩的物质性心理错觉

依据心理错觉对色彩的物理性进行分类，对于颜色的物质性印象，大致由冷、暖两个色系产生：红色和橙色、黄色光本身有暖和感，照射任何色都会产生暖和感；相反，紫色、蓝色、绿色光有寒冷的感觉。

冷色和暖色除去温度不同的感觉外，还会有其他感受，如重量感、湿度感等。暖色偏重，冷色偏轻；暖色密度强，冷色稀薄；冷色透明感强，暖色透明感较弱；冷色显得湿润，暖色显得干燥；冷色在退远感，暖色有迫近感。

色彩的明度与纯度也会引起对色彩物理印象的错觉。颜色的重量感主要取决于色彩的明度，暗色重，明色轻。明度与纯度的变化还会给人色彩软硬的印象，淡的亮色使人觉得柔软，暗的纯色则有强硬的感觉。

4. 色彩构成三原理

色彩构成，可以理解为色彩的作用，是在色彩科学体系的基础上，研究符合人们知觉和心理原则的配色。配色有三类要素：光学要素（明度、色相、纯度），存在条件（面积、形状、肌理、位置），心理因素（冷暖、进退、轻重、软硬、朴素华丽）。设计的时候运用逻辑思维选择合适的色彩搭配，产生恰当的色彩构成。最优秀的配色范本是自然界里的配色，我们观察自然界里的配色，通过理性的提炼最终获得所需要的东西。

（1）色彩的印象方面

色彩的印象指从自然界的色彩效果入手去发现色彩的规律，研究色彩对我们的心理造成的反应。

① 用色彩表现温度感、肌理效果。

② 用色彩体现喜怒哀乐。

③ 用色彩表现抽象效果。

（2）色的结构方面

色的结构是决定美的独立形式，是一种内在的色彩之间的关系表现。

（3）色彩构成的原则

图形色和底形色：图形色要有前进感，底形色要有后退感，取决于色彩的明度、纯度。

① 色彩的明度、纯度、面积：图形色要比底形色更为明亮、鲜艳，明度、纯度比底形色略高一些。图形色和底形色的明度、纯度不能太接近。面积明亮颜色稍少一些，暗的颜色稍大一些。

② 色的平衡：有单纯视觉感强的感觉，属对称平衡；面积、方向、大小、形状相互平衡属非对称平衡。

5. 色彩的搭配技巧

色彩的搭配技巧、色彩搭配组合方式以及搭配呈现的视觉效果大致概括如下。

① 单色搭配：由一种色相的不同明度组成的搭配，这种搭配很好地体现了明暗的层次感。

② 近似色搭配：相邻的两到三个颜色称为近似色，这种搭配赏心悦目，低对比度较和谐。

③ 补色搭配：色环中相对的两个色相搭配。颜色对比强烈，传达能量、活力、兴奋等意思，补色搭配时最好让一个颜色多，一个颜色少。

④ 分裂补色搭配：同时用补色及近似色的方法确定颜色关系，就称为分裂补色。这种搭配既有近似色的低对比度，又有补色的力量感，形成一种既和谐又有重点的颜色关系。

⑤ 原色的搭配：大部分使用在儿童产品上，色彩明快，这样的搭配在欧美也非常流行，如蓝红搭配、红黄色搭配等。

6. RGB 颜色模式——物理色彩模式

计算机屏幕上的所有颜色，都由红色、绿色、蓝色三种色光按照不同的比例混合而成，一组红色、绿色、蓝色就是一个最小的显示单位。因此红色、绿色、蓝色又称为三原色光，用英文表示就是 R（red）、G（green）、B（blue）。屏幕上的任何一个颜色都可以由一组 RGB 值来记录和表达。如图 1-29 所示左方的图片实际上是由右方的三个部分组成的。可以把 RGB 想象为中国菜里面的糖、盐、味精，每道菜都是用这三种调料混合的。在制作不同的菜时，三者的比例也不相同，甚至可能是迥异的。因此不同的图像中，RGB 各个的成分也不尽相同，可能有的图中 R（红色）成分多一些，有的 B（蓝色）成分多一些。做菜的时候，菜谱上会提示类似"糖 3 克、盐 1 克"等来表示调料的多少，在计算机上，RGB 的所谓"多少"就是指亮度，并使用整数来表示。通常情况下，RGB 各有 256 级亮度，用数字表示为从 0、1、2、……、255。

◀ 图 1-29 RGB 颜色模式

可以用字母 R、G、B 加上各自的数值来表达一种颜色，如（R32, G157, B95），或 r32g157b95。有时候为了省事也略去字母写（32, 157, 95）（分隔的符号不可标错），代表的顺序就是 RGB。

对于单独的 R、G、B 而言，当数值为 0 的时候，代表这个颜色不发光；如果为 255，则该颜色为最高亮度。这就好像调光台灯一样，数字 0 就等于把灯关了，数字 255 就等于把调光旋钮开到最大。

纯黑，是因为屏幕上没有任何色光存在。相当于 RGB 三种色光都没有发光，所以屏幕上黑色的 RGB 值是（0，0，0）。我们可相应调整滑块或直接输入数字，会看到色块变成了黑色，如图 1-30 所示。而白色正相反，是 RGB 三种色光都发到最强的亮度，所以纯白的 RGB 值就是（255，255，255），如图 1-31 所示。最红色，意味着只有红色存在，且亮度最强，绿色和蓝色都不发光，因此最红色的数值是（255，0，0），如图 1-32 所示。同理，最绿色就是（0，255，0）；而最蓝色就是（0，0，255）。

▲ 图 1-30　黑色

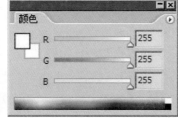
▲ 图 1-31　白色

▲ 图 1-32　红色

在色相环中，位于 180 度夹角的两种颜色（也就是圆的一条直径两端的颜色），称为反转色，又称为互补色，如图 1-33 所示。互补的两种颜色之间是此消彼长的关系，现在我们把圆环中间的颜色填满，如图 1-34 所示，假设目前位于圆心的小框代表要选取的颜色，那么，这个小框往蓝色移动的同时就会远离黄色，或者接近黄色的同时就会远离蓝色。

在图 1-34 中间是白色，可以看出，如要得到最黄色，就需要把选色框向最黄色的方向移动，同时也逐渐远离最蓝色。当达到圆环黄色部分的边缘时，就是最黄色，同时离最蓝色也就最远了。由此得出，黄色 = 白色 - 蓝色"。为什么不是白色 + 黄色呢？因为蓝色是原色光，要以原色光的调整为准。因此，最黄色的数值是 255，255，0。也可以得出，纯黄色 = 纯红色 + 纯绿色。如果屏幕上的一幅图像偏黄色，不能说是黄色光太多，而应该说是蓝色光太少。

再看一下色谱环，可以目测出三原色光各自的反转色，红色对青色、绿色对洋红色、蓝色对黄色，如图 1-35 所示。

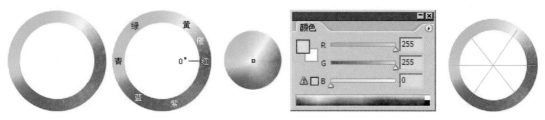

▲ 图 1-33　互补色　　　　　　　　　　▲ 图 1-34　黄色　　　　　　　　　　▲ 图 1-35　反转色

除了目测，还可以通过计算来确定任意一个颜色的反转色。首先取得这个颜色的 RGB 数值，再用 255 分别减去现有的 RGB 值即可，比如黄色的 RGB 值是（255，255，0），那么通过计算 R（255-255），G（255-255），B（255-0），互补色为（0，0，255），正是蓝色。

对于一幅图像，若单独增加 R 的亮度，相当于红色光的成分增加，那么这幅图像就会偏红色；若单独增加 B 的亮度，相当于蓝色光的成分增加，那么这幅图像就会偏蓝色。

7.CMYK 色彩模式——印刷色彩模式

RGB 色彩模式是非常重要的最基础的色彩模式，只要在计算机屏幕上显示的图像，就一定是 RGB 模式，因为显示器的物理结构就是遵循 RGB 色彩模式的。除此之外还有一种 CMYK 色彩模式也很重要，也被称作印刷色彩模式，顾名思义就是用来印刷的。

CMYK 色彩模式和 RGB 色彩模式相比有一个很大的不同：RGB 模式是一种发光的色彩模式，你在一间黑暗的房间内仍然可以看见屏幕上的内容；CMYK 是一种依靠反光的色彩模式，我们阅读报纸的方式是由阳光或灯光照射到报纸上，再反射到我们眼中，才看得到内容，它需要有外界光源，如果你在黑暗房间内是无法阅读报纸的。

和 RGB 类似，CMY 是三种印刷油墨名称的首字母：青色（Cyan）、洋红色（Magenta）、黄色（Yellow）。而 K 取的是黑色（Black）最后一个字母，之所以不取首字母，是为了避免与蓝色（Blue）混淆。从理论上来说，只需要 CMY 三种油墨就足够了，它们三个加在一起就应该得到黑色。但是由于目前制造工艺还不能造出高纯度的油墨，CMY 相加的结果实际是一种暗红色，因此还需要加入一种专门的黑墨来调和。

一张白纸进入印刷机后要被印 4 次，先被印上图像中青色的部分，再被印上洋红色、黄色和黑色部分，顺序如图 1-36 所示，可以很明显地感到各种油墨添加后的效果。

▲ 图 1-36　CMYK 模式印刷顺序

8. 光线对物体表现的影响

白色为入射光，可以理解成太阳光或主光源。环境光由于大气层环境的反射，会间接照亮物体的整体轮廓，在三维软件中这种光叫 GI 全局光。当环境光越亮，影子越模糊，比如阴天；入射光越强，影子越清晰，比如晴天。

物体在光线的照射下产生立体感。那么，在作画时，就要去找出物体的明暗交界线，先确立明暗交界线；再画出投影，物体的立体感就已经很强了；接下来把"三大面""五大调子"都找出来，物体的立体感就塑造完毕了。那么，什么是"三大面""五大调子"呢？这都是对物体的明暗关系而言的。所谓"三大面"即黑、白、灰，"黑"指物体背光部，"白"指物体受光部，"灰"指物体侧光部。"五大调子"指高光（最亮点）、明部（高光以外的受光部）、明暗交界线、暗部（包括反光）和投影。明白了"三大面""五大调子"，物体的立体感也就容易表现了，如图 1-37 所示。

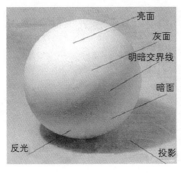

▲ 图 1-37 "三大面""五大调子"

9. 九类材质表现要点

（1）透明材质

① 绘制透明物体时，如果表面光滑，光在入射面会有一个比较强的反射高光。

② 当光线穿过物体后，会在物体内的后方投射出一块光斑。

③ 在物体不直接和光源成直射角的边缘，会因为菲涅尔效应形成一些较深的色彩。

④ 通过透明物体我们能看到后面的图像，而且会根据透明物体的造型及反射率进行一定的扭曲和折射。

⑤ 光会在透明物体内反弹，如钻石等带有棱角的透明物体。

⑥ 光线在透明物体中会形成很多块光斑且不断地进行镜面反射，而且透过透明物体的光线会在物体周围投射出焦散清晰且碎碎的光斑。

在刻画透明材质时，如玻璃杯、亚克力塑料等，注意以上 6 点，才能表现出逼真的效果，如图 1-38 所示。

（2）半透明材质

① 半透明物体本身的固有色会比透明物体强一些，在物体内会有一定程度的雾效。

② 如果是光滑表面，光在入射面会有一个比较强的反射高光；穿过物体后，因为一部分光线在穿过物体的时候已经衰减，会在物体内的后方投射出另一块光斑。

③ 光斑的亮度与材质半透明度有关，比如 50% 不透明度，穿过的光线被衰减了，后方投影的光是 50% 左右；70% 不透明度的物体，到达后方的光会更少。

④ 一部分光被遮挡后，穿越的光线变少，就会在物体的周围投射出带有物体色彩的模糊的光斑。

在绘制半透明材质时，如玉石等，要确定材质的透明度是多少，且里面有什么样的杂质，如图 1-39 所示。

▲ 图 1-38 透明材质

▲ 图 1-39 半透明材质

（3）厚实材质

① 厚实的物体表面高光比较正常，高光颜色介于照射光和物体本身的混合色，饱和度也比较低。

② 厚实且不透明的物体比较类似于石膏像的质感。

③ 光线是不会穿透物体的，所以"三大面""五大调子"都很明显，一定要画好物体的明暗交界线。

④ 厚实的物体还要注意背光面的反光，因为周围的光投射到地表后会反射到厚实物体的背面，所以背面不是最暗的。

厚实材质有木材、不透明塑料等。例如，绘制 Q 版木头的特点：纹理大，色彩艳丽且变化少，造型较简单，如图 1-40 所示。

（4）粗糙暗哑材质

① 粗糙物体的高光比较暗哑，朦朦胧胧一片。

② 因为粗糙物体表面凹凸不平，所以高光会很柔和，光影变化也不是很强烈，画的时候要注意表现细腻的颗粒质感。

粗糙暗哑材质如砚台，如图 1-41 所示。例如，绘制 Q 版石头的特点：造型表现得比较夸张，纹理比较大，没有太多的细节，如图 1-42 所示。

▲ 图 1-40　Q 版木头

▲ 图 1-41　粗糙暗哑材质

▲ 图 1-42　Q 版石头

（5）光滑坚硬材质

① 对于光滑坚硬的物体，高光强且面积小，反射的也是光源本身的颜色。

② 因为物体是光滑的，所以表面更有立体感，围绕着高光的面周围会辐射出渐变细腻的高光光晕。

③ 光滑的物体会对周围的环境进行反射，所以如果要表现光滑的表面，应将周围环境反射到物体表面，并且进行扭曲和拉伸。

④ 因为光总是在物体表面被反射，所以坚硬光滑物体的暗面会比粗糙的还要深一些。

光滑坚硬材质如不透明亚克力，如图 1-43 所示。

（6）柔软材质

① 柔软物体的表面高光会被其表面的绒毛或者其他物质所影响。

② 会形成很大的区域及与固有色同色系的柔和的高光。

③ 柔软物体的固有色也会比较鲜艳，因为这类材质一般是人工染色的。

④ 如果是动物的皮毛，毛发表面的油脂和毛管会折射光线。

柔软材质如皮毛，如图 1-44 所示。

▲ 图 1-43　光滑坚硬材质

▲ 图 1-44　柔软材质

（7）流体材质

① 液体因为表面张力，它滴在物体表面时会形成球面的水珠。

② 放在容器里会有周围挂壁现象，而刚好溢满的液体在容器开口的地方会凸起。

③ 液体分透明和不透明两种，透明的液体参见透明材质的表现。

④ 不透明的液体，因为密度不同，折射也不一样，请参见不透明材质表现。

流体材质如牛奶，如图 1-45 所示。

（8）粒子形态材质

① 绘制粒子形态的物体时可以使用 Photoshop 中的笔刷，可以下载一些烟雾或者粒子笔刷。

② 设置 Photoshop 笔刷的选项，画出基本造型后，用扭曲和涂抹工具调整造型。

③ 画这类效果时一定要注意虚实变化、远近关系和空气流动等因素。

粒子形态材质如火，如图 1-46 所示。

▲ 图 1-45　流体材质

▲ 图 1-46　粒子形态材质

（9）常见金属材质

金属是游戏中最常见的材质之一，被广泛应用于角色、道具、场景等物件中。

① 一般抛光过的金属材质的边缘都会有很强的反射光，光源入射处也会在抛光的部位留下强烈的反光。

② 在金属粗糙面会形成非常细小的碎碎的光点。

③ 大部分金属表面会有划痕，或是加工的刨痕，或是锻造时留下的火印。

④ 在空气中氧化的金属表面会有锈迹，不同金属的锈的颜色是不同的，如 24K 黄金不会生锈，它的表面只会有灰尘和污迹。

⑤ 铜合金因成分含量不同、锻造工艺不同，分成红铜、黄铜和青铜。

常见金属材质如图 1-47 所示。次世代游戏已将游戏里的金属表现得几近真实。绘制 Q 版风格的金属，应结合模型的感觉，无须过多的细节纹理，如图 1-48 所示。

▲ 图 1-47　常见金属材质

▲ 图 1-48　Q 版风格的金属

1.3 基本设计构图原则

1. 构图与视觉

构图要诉诸视觉，必须遵循视觉规律。视觉注意在没有心理需求的情况下是不易引起人们的注意的。视觉注意一般有两种形式：主动注意和被动注意。

被动注意是人们尚无主观意识，没有内在的生理和心理需求，在外界刺激下产生的。平面设计大多情况下属于被动注意。在这样的刺激中，需要注意以下几方面。

（1）足够的面积：同一构图中，主要信息的面积要大于次要信息的面积。

（2）适度的对比：把握对比的度，也要避免过激。

（3）简练：简练的形式易被感知，切忌画蛇添足。

（4）新颖：由于视觉适应的特点，新颖的构图易引起人们的注意，切忌墨守成规。

2. 构图与心理

不同的受众有不同的心理需求，如青少年喜欢生动活泼的形式，女性喜欢优雅的形式，而老年人喜欢稳重平和的形式，因此平面设计要针对不同的受众和展示的信息内容，寻求最佳的表达方式，才能引起受众的感情共鸣。

3. 构图与创造

设计是一门创造的艺术。独特的个性是视觉传达设计的生命，克服思维惰性，开发创造思维的能力是现代设计师的基本素质。

4. 构图的形式规律

① 平衡指画面空间中各部分的视觉重量感构成的相对静止状态。平衡有两种状态：等形等量平衡、异形异量平衡。平衡包括统一平衡（轴对称平衡或中心对称平衡）和变化平衡（非对称平衡或均衡）。变化平衡包括变化比例均衡和变化距离平衡。

② 秩序指形态按规律组织起来，在视觉和心理上产生美感的有条理的状态。改变形态或组织规律，会形成千变万化的秩序形态。同一形态可分为同一秩序和渐变秩序。

同一秩序：即重复或反复，同一或不同形态有规律的排列组合。

渐变秩序：同一形态按一定的规律变化自身的形象或组织规律，渐变秩序的形成，是优美的数值比形成的，如等差等比数列等。渐变秩序又称律动。

③ 调和：分为类似调和与对比调和。

5. 构图的基本形式

① 横向分割型：等分或非等分，一分为二或更多。

② 竖向分割：依照视觉规律，主要的内容放于左边或中间。

③ 横竖分割：提高层次与主体，如图 1-49 所示。

④ 斜置型：生动活泼。

⑤ 轴线型：呈现抽象、神秘的画面气氛。

⑥ 交叉型：层次感强。

⑦ 指示型：或称导向型，方向感强，有向内或向外的张力。

⑧ 几何型：如图 1-50 所示为运用几何图形分割的构图形式。

⑨ 散点型：灵活，注意避免散乱无章。

▲ 图 1-49　横竖分割

▲ 图 1-50　几何型

文字创意和应用方法

1. 字体创意设计的基本概念

字体：字体是文字精神造型化，处处彰显出文字的魅力。

设计：狭义地讲，设计是透过美学元素、设计者的观念与时代科技功能揉和，创造出高度建设性的，应用在各个不同要求范围的造型活动。

字体设计：字体设计是为某一具体内容服务的，要设计出具有清晰完美的视觉形象的文字造型。它以研究字体的合理结构、字形之间的有机联系以及字形的排列为目的。

2. 字体创意设计的基本原则

（1）表达内容的准确性

在对字体进行创意设计时，我们首先要对文字所表达的内容进行准确的理解，然后选择最恰当的形式进行艺术处理与表现。如果对文字内容不了解或选择了不准确的表现手法，不但会使创意字体的审美价值大打折扣，也会给企业或个人造成经济或精神的损失，那么就失去了字体创意设计的意义。

（2）视觉上的可识别性

容易阅读是字体创意设计的最基本原则。字体创意设计的目的是更快捷、准确、艺术地传达信息。让人费解的文字，即使有再优秀的构思，再富于美感的表现，无疑也是失败的。所以在对文字的结构和基本笔画进行变动时，不要违背千百年来人们形成的对汉字的认读习惯。同时也要注意文字笔画的粗细、距离、结构分布，整体效果的明晰度。

（3）表现形式的艺术性

字体设计在易读性前提下，要追求的就是字体的形式美感。整体统一是美感的前题，协调好笔画与笔画、字与字之间的关系，强调节奏与韵律也特别重要。任何过分华丽的装饰、纷乱芜杂的表现都无美感可言。

另外字体创意要以创新为目的，独具风格的字体会给人留下深刻的印象。

3. 字体创意设计的变化范围

（1）笔形变异

笔形变异是指将笔画加粗、变细、变形，添加装饰等，是在笔画自身上做处理的表现手法，如图 1-51 所示。笔画变化主要是指点、撇、捺、挑、钩等副笔的变化，而在字中起支撑作用的主笔一般变化较少。笔画形态变化不宜太多，整体风格、变化手法要统一。笔形变异主要有以下三种形式。

第一种：运用统一的形态元素（即在每个字的某一笔画中添加统一形象元素），如图 1-52 所示。

▲ 图 1-51　笔形变异

▲ 图 1-52　运用统一的形态元素

第二种：在统一形态元素中加入另类的形态元素，如图 1-53 所示。

第三种：拉长或缩短、加粗或变细、透视字体的笔画，如图 1-54 所示。

▲ 图 1-53　在统一形态元素中加入另类的形态元素

▲ 图 1-54　拉长或缩短、加粗或变细、透视字体的笔画

字体笔画变化设计需注意以下原则。

① 把握风格。字体应用的范围决定了字体的风格，而字体风格又对文章内容起到直观的说明性作用。比如，笔形粗直、转折处棱角分明的字体显得硬朗，适用于严肃的场合以表示鲜明态度；而笔形细柔、转折处呈曲线形的字体则感觉温和，适用于表现优雅抒情的文章，如图 1-55 所示。

② 统一笔形。字体的笔形应依照整体风格，在起收笔方式、行笔中，粗细程度的变化、转折处理和装饰形的变化等方面都应一致，如图 1-56 和图 1-57 所示。

▲ 图 1-55　把握风格

▲ 图 1-56　统一笔形

③ 调整细节。对结构过于特殊的字，在把握整体风格的基础上，可作微妙调整，如图 1-58 所示。

▲ 图 1-57 统一结构

▲ 图 1-58 调整细节

（2）笔画共用

借助笔画与笔画之间、中文字与拉丁字母间存在的共性巧妙地加以组合，如图 1-59 所示。

（3）外形变化

由于汉字外形基本上都呈正方形，所以汉字外形变化最适宜长方形、扁方形或斜方形等。圆形、梯形、三角形等形状因违反方块字的特征，可识性较差，所以除适用于一些标志设计外，一般应谨慎使用。

汉字外形变化除加强自身特征，还可以进行排列变化。除横排和竖排外，还可以作斜排、放射形、波浪形、扇形的排列。这些排列方式打破了呆板、单调的传统格式，可以实现新颖生动的艺术效果，如图 1-60 所示。

▲ 图 1-59 笔画共用

▲ 图 1-60 外形变化

外形变化主要有以下 4 种形式。

① 强调文字外形的特征，使得方者更方，圆者更圆，长者更长，外形特征更鲜明。

② 在字体的外形中加进一些如曲线或直线等局部点缀，使字形外部产生微妙的细节变化。

③ 从外形角度作斜形、弧形、波浪形、放射形等变化排列，造成一定的动感。

④ 用文字大小的合理组合造成外形整体的节奏变化。

（4）结构变化

为了使字体设计产生新颖、别致、多样化的效果，在字体创意设计时，可以打破标准字体"结构严谨、布白均匀、重心稳定"的习惯，可夸大或缩小字的部分结构，也可以移动字的笔画，改变字的重心，在保证可读性的前提下增、减笔画。总之，这种结构变化的方法是在破坏传统字体的基础上进行的，故字数不宜过多，如图 1-61 所示。

▲ 图 1-61　结构变化

（5）装饰性变化

字体的装饰变化是通过修饰和添加附加纹样，对汉字的本体或背景进行装饰的一种表现方法。它用装饰手法来美化文字，加强文字的内涵，更好地突出主题，使字体效果变得绚丽多彩而富有情趣，如图 1-62 所示。字体装饰性设计表现手法很多，有自身装饰（本体）、环境装饰（背景），有连接、折带、重叠、断笔、扭曲、空心、内线等。

字体的装饰变化主要有以下形式。

① 自身装饰（本体）。这类字体往往在字的笔画中添加附加纹样，所添加的纹样要与字的本意相匹配。在字的本身进行装饰时，注意所加的装饰不能干扰构字线条，更不能将字干扰得看不出本字形来，如图 1-63 所示。

▲ 图 1-62　装饰变化

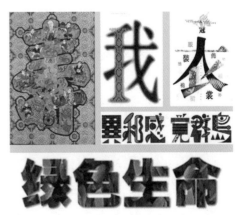

▲ 图 1-63　自身装饰（本体）

② 环境装饰（背景）。在字体设计的背后加上相应的装饰纹样，以补充字的内涵，使文字形象更加丰富饱满，起到烘托和突出文字主体的作用，如图 1-64 所示。一般环境装饰都采用平视纹样，纹样不强调空间的前后，互不掩盖和重叠，纹样形象多采用侧面表现，突出装饰效果。这种设计方法，侧重于文字与纹样的相适应、相调和。

▲ 图 1-64　环境装饰（背景）

③ 连接。字与字之间通过可塑性较强的笔画或笔画上的装饰，使之有机连接贯通，使一组字变成一个整体。可以把相同部位的笔画一贯到底，也可以把相邻的字互相连接使之呈现出或高或低或似外框的效果，产生对比与统一均衡、充满韵律的美感，如图 1-65 所示。

④ 空心。以线条勾画出文字的轮廓，而中间留出空白的一种字体，如图 1-66 所示。特粗字体的轮廓线有时会相合或重叠。宋体的横线如保持空心形状时会有太粗的感觉，因此，横线保持单线形状即可。

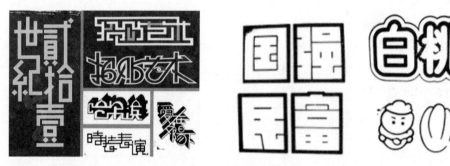

▲ 图 1-65　连接装饰　　　　　　　　▲ 图 1-66　空心

⑤ 内线。在文字中留出线条的空隙，常运用线条的粗细、多少、位置和差异产生不同的感觉。但要注意内线是否使文字分解得支离破碎，从而影响文字的效果，如图 1-67 所示。一般来说，内线适合于粗的字体。对于细的笔画，如宋体在绘写横线时比较困难，需要用其他方式进行设计。

⑥ 断笔。采取剪切、移植、分解、手撕或呈现缺口等方法，使文字笔画产生断裂、破碎、虫蛀、粗犷等感觉，常能激发心灵的震撼，如图 1-68 所示。无论采用什么方法，断笔对文字字形的美感都有很高的要求，需慎选。

⑦ 虚实。利用网点或网纹的变化，形成虚实相间的字体。这种字体的设计可以先勾出字体的轮廓线，再贴上网点或网纹纸而显出文字的字形，如图 1-69 所示。这种字体设计的方法简单方便，且对字形要求低，即使直接在文字上画出点或线，也可以呈现出虚实效果。

▲ 图 1-67 内线

▲ 图 1-68 断笔

▲ 图 1-69 虚实

⑧ 单笔。类似于一根铁丝弯曲而形成的字。要注意线条的走向，自然连续才能给人以流畅的感觉，如图 1-70 所示。单笔字通常选用圆黑体为原型，常用在霓虹灯的字形表现上。

▲ 图 1-70 单笔

⑨ 折带。这种字体的横、竖如果以直线表示比较容易，斜线的表示比较丰富，能加强折带的特殊效果，如图 1-71 所示。折带字体的特色在于曲折的部分，通过线条的曲折变化，表现出里层和外层的区别，产生柔软或坚硬的效果。

▲ 图 1-71 折带

⑩ 重叠。一般是后面的笔画叠住前面的笔画，副笔画叠住主笔画，或者相互重叠，但不要为了重叠而叠，要恰到好处，如图 1-72 所示。

▲ 图 1-72　重叠

字体装饰设计步骤如下。

第一步：确定字体主要部分和大的趋势，根据需要选择装饰的形式。

第二步：以材取势，按照内容及表现对象设计装饰纹样。

第三步：注意装饰图形与文字外形的统一，以及图形与空间的疏密、衬托对比的呼应关系。

第四步：装饰图形力求穿插自然，生动流畅。装饰必须以文字的辨识度为前提，不能喧宾夺主。

（6）具象性变化

根据文字的内容意思，用具体的形象代替字体的某个部分或某一笔画，这些形象可以是写实的或夸张的，但是一定要注意到文字的可识别性。

① 直接表现（字体的形象化设计）。运用具体的形象直接地表达出文字的含义，在保证其可识别性的基础上使汉字的某个笔画或局部转化为图形，有着很好的视觉效果，如图 1-73 所示。

根据字或词的含义添加具体形象。这种形象化的设计手法增加了直观性、趣味性，给人印象深刻。它包括局部形象化、整体形象化、添加形象和标记形象，下面主要介绍前两种。

形象化设计要注意具体形象在文字中的位置及图形与文字之间的关系，以不影响文字的完整性、可识别性为前提，起到加强字体表现力的作用。形象的应用要避免生搬硬套，或简单图解化造成的字体格调平庸。

▲ 图 1-73　直接表现（字体的形象化设计）

a. 局部形象化（笔画形象化）。局部形象设计是指在文字造型的个别笔画中，绘制与字意内容相关的象形图形，它强调原有文字的笔画和插入图形之间的冲突，如图 1-74 所示。

▲ 图 1-74　局部形象化（笔画形象化）

　　b. 整体形象化。作为一种视觉图形文字，整体形象化的设计是把文字所说明的字意和形象所表现的字意融为一体，使形象字形既可作为可辨认的文字，又能构成欣赏的图案，如图 1-75 所示。在形式感上，整体形象化设计时，要把文字作为形象的整体来经营，使文字的外在框架与图形的内在构造相融。要在文字有限度的框架内作别出心裁的设计，使图形不仅能形象地体现字意，而且能很有趣味地表达情感。

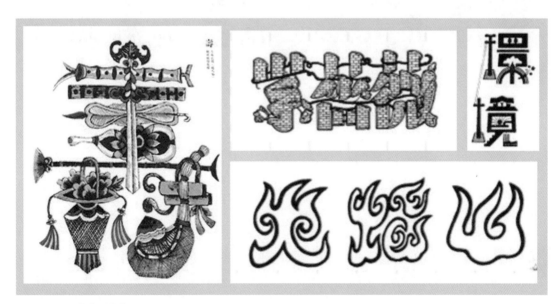

▲ 图 1-75　整体形象化

② 间接表现（字体的意象化设计）。借用相关符号、形象间接地隐喻文字的内涵，强调典型特征或特殊的方法，对文字加以艺术处理，给人以想象，回味无穷。意象化设计一般不以具体形象穿插配合，而是以文字笔画横、竖、点、撇、捺、挑、钩等偏旁与结构作巧妙变化。这需要对文字设计有独特的理解与创意，于平淡之中见神奇，使内容与形式达到和谐统一，如图 1-76 和图 1-77 所示。

▲ 图 1-76　间接表现（字体的意象化设计）（a）

▲ 图 1-77　间接表现（字体的意象化设计）（b）

第 ② 章 游戏界面设计和工作流程

2.1 游戏界面设计基础

UI 即 User Interface（用户界面）的简称。UI 设计是指对软件的人机交互、操作逻辑、界面的整体设计。好的 UI 设计不仅让软件变得有个性有品位，还让软件的操作变得舒适简单、自由，充分体现软件的定位和特点。如图 2-1 至图 2-3 所示为几种类型的游戏界面设计。

▲ 图 2-1　网页游戏界面设计

▲ 图 2-2　手机游戏界面设计　　▲ 图 2-3　网页游戏界面设计

2.1.1 游戏界面设计原则

游戏界面设计应遵循以下主要原则。

（1）简易性

界面的简洁是要让用户便于使用、便于了解，并能减少用户发生错误操作的可能性。游戏软件和其他应用软件不同，游戏软件中的所有可视化元素都应该为游戏本身服务，过分修饰或过于烦琐的界面反而会干扰玩家的注意力，使他们不能集中精力于游戏世界的体验中，如图 2-4和图 2-5 所示。

▲ 图 2-4 保卫萝卜游戏界面   ▲ 图 2-5 天天酷跑游戏界面

（2）一致性

一致性是每个优秀界面都应具备的特点。界面的结构必须清晰且一致，风格必须与游戏内容相一致。如果界面风格与游戏有过大反差，就会使玩家有脱离游戏的感觉。下面欣赏一组游戏界面设计，帮助初学者更好地了解游戏界面设计的统一性，如图 2-6 所示。

▲ 图 2-6 刺客信条游戏界面设计

（3）可理解性

游戏功能设计如果不能为玩家所理解，那么需要通过设计的外表暗示其功能，使得玩家可以通过操作理解其对应的功能，例如，删除操作，玩家单击删除操作按钮时，提示玩家如何删除或者是否确认删除，玩家可以更加详细地理解该元素对应的功能，同时可以取消该操作。如图 2-7 所示为新手引导界面设计。

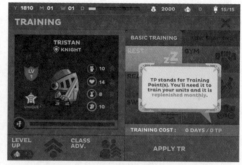

▲ 图 2-7　新手引导界面设计

（4）布局合理化原则

在进行界面设计时需要充分考虑布局的合理性，多做"减法"设计，将不常用的功能区块弱化，以保持界面的简洁，使玩家专注于重要信息，有利于提高游戏的易用性及可玩性，如图 2-8 所示。

▲ 图 2-8　游戏界面布局设计图

一个友好美观的界面会给人带来舒适的视觉享受，拉近人与计算机的距离，为商家创造卖点。界面设计不是单纯的美术绘画，它需要定位使用者、使用环境、使用方式，并且为最终用户而设计，是综合的科学性的艺术设计。检验一个界面的标准既不是某个项目开发组领导的意见，也不是项目成员投票的结果，而是最终用户的感受。所以界面设计要和用户研究紧密结合，如图 2-9 所示，是一个不断为最终用户设计满意视觉效果的过程。

▲ 图 2-9　用户研究与界面设计

2.1.2　游戏主要界面的分类

1. 启动界面

不同的游戏有着不同的启动界面，启动界面是游戏给玩家留下的第一印象。第一印象对于游戏软件来说是非常重要的，游戏的启动界面就是游戏最好的宣传广告。需要将重要的人物角色、游戏类别、游戏场景，以及精美的图标按钮放置在启动界面中，使人一目了然，如图 2-10 至图 2-13 所示为来自国内外不同类型风格的游戏启动界面。

▲ 图 2-10　国内海底大冒险游戏启动界面

▲ 图 2-11　国外儿童游戏启动界面

▲ 图 2-12　国外刺客信条游戏启动界面

▲ 图 2-13　日本游戏启动界面

因为游戏玩家以男性居多，所以很多游戏界面都是深颜色的，深色系的界面给人一种高端的感觉。如图 2-14 和图 2-15 所示为受男性欢迎的游戏界面设计。

▲ 图 2-14　科技机械风格

▲ 图 2-15　战斗类风格

随着游戏行业的发展，女性玩家也有所增多，这一类的游戏界面设计也有所不同，明亮鲜艳的色系给人一种活泼舒适的感觉。如图 2-16 和图 2-17 所示为受女性欢迎的游戏界面设计。

▲ 图 2-16　保卫萝卜游戏界面　　　　　　　　　　　▲ 图 2-17　消除游戏界面

2. 加载界面

加载界面也称 Loading 图。当玩家选中某一进度后，显示该界面，同时后台系统调入进度。系统调入进度完毕后该界面消失，显示玩家所读取的游戏进程，如图 2-18 和图 2-19 所示。

▲ 图 2-18　一代宗师游戏加载界面　　　　　　　　　▲ 图 2-19　剑灵游戏加载界面

3. 操作界面

在操作界面中玩家可以更改自己的操作模式，可以设计鼠标、键盘或者触屏方式等操作，还可以设计键盘操作快捷键，如图 2-20 和图 2-21 所示。

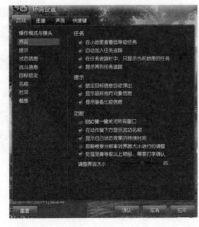

▲ 图 2-20　游戏环境设置界面　　　　　　　　　　　▲ 图 2-21　鼠标设置界面

4. 声音设置界面

玩家在声音设置界面可以设置游戏的音效。声音设置界面通常包含玩家如何打开或者关闭音乐，以及如何调节音乐的音量。一般分为打开和关闭两个选择，玩家在这里可以根据自身习惯调整游戏效果。单击退出按钮则可以退回到游戏界面。声音设置界面如图 2-22 所示。

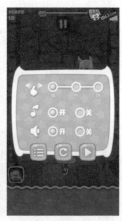

▲ 图 2-22　声音设置界面

2.1.3　设计布局控制

游戏界面应注意排版布局，很多设计者都没有给予足够的重视，导致游戏排版过于死板，甚至抄袭他人。如果界面的布局混乱，只是将大量的信息堆置在页面上，则会影响到玩家阅读信息和游戏体验。优秀的游戏界面布局会使游戏内容产生多样性，从而丰富游戏界面的视觉效果和用户体验，如图 2-23 所示。

▲ 图 2-23　游戏主界面设计效果

2.1.4　游戏界面设计鉴赏

市场上有大量优秀的游戏，将优秀的游戏界面设计作为参考样本是设计师的灵感启发之路。设计师可以在软件市场上下载优秀的游戏得到游戏界面截图，然后研究设计师的思路，思考那些设计是否也适用于自己的游戏，这样会使游戏界面的制作事半功倍。如图 2-24 和图 2-25 所示分别为儿童类游戏设计界面和光环 5 游戏设计界面。

▲ 图 2-24　儿童类游戏界面设计

▲ 图 2-25　光环 5 游戏界面设计

2.2　游戏界面设计常用软件

1. Adobe Photoshop CC

Adobe Photoshop CC 是常用的图像处理软件，目前多用于图像或数码照片的编辑和处理。Photoshop CC 具有强大的突破性新功能，为复杂的图形选择、写实绘画和修饰提供智能服务，创建惊人的高动态范围图像。Photoshop CC 界面如图 2-26 所示。

▲ 图 2-26　Photoshop CC 界面

2. Adobe Illustrator CS6

Adobe Illustrator CS6 是常用于出版、多媒体和在线图像的工业标准矢量插画的软件，作为一款优秀的图片处理工具，Illustrator CS6 广泛应用于印刷出版、海报书籍排版、专业插画、多媒体图像处理和互联网页面的制作等，也可以为线稿提供较高的精度和控制，适合生产任何小型设计到大型的复杂项目设计。Illustrator CS6 界面如图 2-27 所示。

▲ 图 2-27　Illustrator CS6 界面

2.3　游戏界面设计流程及规范

2.3.1　开发流程

（1）自主软件产品开发流程

常见软件产品的开发流程包括产品需求分析、功能定义、交互原型设计、程序技术预演、效果图绘制、开发、测试、发布上线、运营、迭代开发等。以用户为中心的软件产品设计过程如图 2-28 所示。

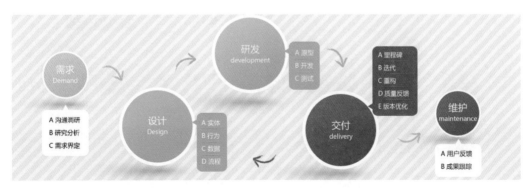

▲ 图 2-28　以用户为中心的软件产品设计过程

（2）外包公司开发流程

外包公司开发流程包括沟通提出需求、签订合同、启动项目、UI 设计、开发、测试、验收等，如图 2-29 所示。

（3）网站推出流程

网站推出流程包括提出需求、分析报告、制订开发方案、签订合同、提供资料、整体设计、程序开发、验收、上传网站、维护等，如图 2-30 所示。

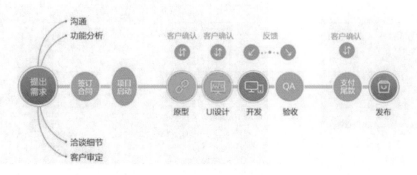

▲ 图 2-29　外包公司开发流程

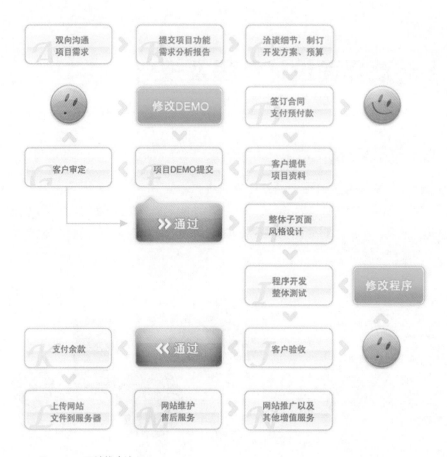

▲ 图 2-30　网站推出流程

2.3.2　应用设备及设计规范

1.iOS 系统

（1）界面尺寸

苹果产品的界面尺寸如图 2-31 和图 2-32 所示。

设备名称	屏幕尺寸	PPI	Asset	竖屏点（point）	竖屏分辨率（px）
iPhone X	5.8 in	458	@3x	375 x 812	1125 x 2436
iPhone 8+, 7+, 6s+, 6+	5.5 in	401	@3x	414 x 736	1242 x 2208
iPhone 8, 7, 6s, 6	4.7 in	326	@2x	375 x 667	750 x 1334
iPhone SE, 5, 5S, 5C	4.0 in	326	@2x	320 x 568	640 x 1136
iPhone 4, 4S	3.5 in	326	@2x	320 x 480	640 x 960
iPhone 1, 3G, 3GS	3.5 in	163	@1x	320 x 480	320 x 480
iPad Pro 12.9	12.9 in	264	@2x	1024 x 1366	2048 x 2732
iPad Pro 10.5	10.5 in	264	@2x	834 x 1112	1668 x 2224
iPad Pro, iPad Air 2, Retina iPad	9.7 in	264	@2x	768 x 1024	1536 x 2048
iPad Mini 4, iPad Mini 2	7.9 in	326	@2x	768 x 1024	1536 x 2048
iPad 1, 2	9.7 in	132	@1x	768 x 1024	768 x 1024

▲ 图 2-31　苹果产品的界面尺寸

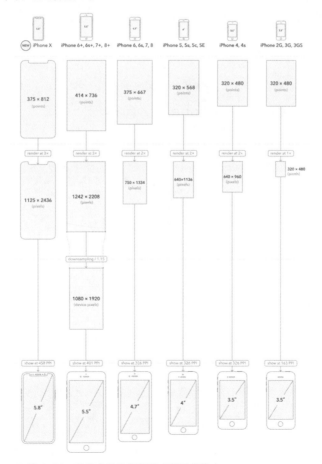

▲ 图 2-32　苹果产品的界面尺寸展示效果

（2）图标尺寸

苹果设备上的图标尺寸如图 2-33 所示。

分辨率和显示规格

设备名称	屏幕尺寸	PPI	Asset	竖屏点（point）	竖屏分辨率（px）
iPhone XS MAX	6.5 in	458	@3x	414 x 896	1242 x 2688
iPhone XS	5.8 in	458	@3x	375 x 812	1125 x 2436
iPhone XR	6.1 in	326	@2x	414 x 896	828 x 1792
iPhone X	5.8 in	458	@3x	375 x 812	1125 x 2436
iPhone 8+，7+，6s+，6+	5.5 in	401	@3x	414 x 736	1242 x 2208
iPhone 8, 7, 6s, 6	4.7 in	326	@2x	375 x 667	750 x 1334
iPhone SE, 5, 5S, 5C	4.0 in	326	@2x	320 x 568	640 x 1136
iPhone 4, 4S	3.5 in	326	@2x	320 x 480	640 x 960
iPhone 1, 3G, 3GS	3.5 in	163	@1x	320 x 480	320 x 480
iPad Pro 12.9	12.9 in	264	@2x	1024 x 1366	2048 x 2732
iPad Pro 10.5	10.5 in	264	@2x	834 x 1112	1668 x 2224
iPad Pro, iPad Air 2, Retina iPad	9.7 in	264	@2x	768 x 1024	1536 x 2048
iPad Mini 4, iPad Mini 2	7.9 in	326	@2x	768 x 1024	1536 x 2048
iPad 1, 2	9.7 in	132	@1x	768 x 1024	768 x 1024

▲ 图 2-33 苹果设备上的图标尺寸

（3）字体

iPhone 上的英文字体为 HelveticaNeue。至于中文，Mac 系统下用的是黑体 - 简，Windows 系统下则为华文黑体，所有字体要用双数字号。iOS 系统下字体大小如图 2-34 所示。

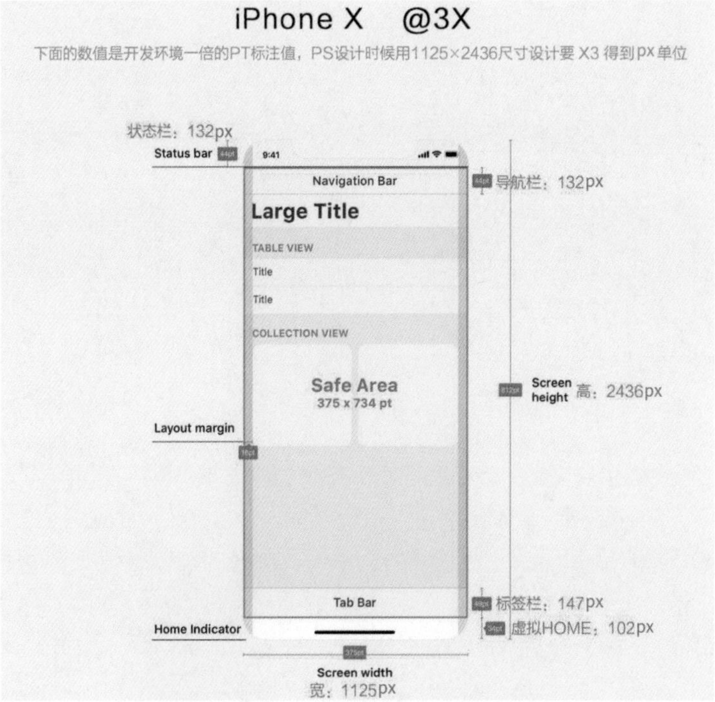

▲ 图 2-34 iOS 系统下字体大小

（4）颜色值

iOS 颜色值取 RGB 各颜色的值，比如某个色值给 iOS 开发者的色值为 R:12、G:34、B:56，则取值就是 12，34，56。（有时也要根据开发者的习惯用十六进制数。）

（5）内部设计

① 所有能点击的图片不得小于 44px（Retina 屏需要 88px）。

② 单独存在的部件必须是双数尺寸。

③ 两倍图以 @2x 作为命名后缀。

④ 充分考虑每个控制按钮在 4 种状态下的样式，如图 2-35 所示。

▲ 图 2-35　按钮的 4 种状态

2.Android 系统

（1）界面尺寸

使用 Android 系统的设备尺寸众多，建议使用分辨率为 720×1280 px 的尺寸设计。这个尺寸在 720×1280 px 中显示完美，在 1080×1920 px 中看起来也比较清晰，切图后的图片文件大小也适中，应用的内存消耗也不会过高。

● 状态栏高度：50 px。

● 导航栏高度：96 px。

● 标签栏高度：96 px。

Android 最近出的手机几乎都去掉了实体键，把功能键移到了屏幕中，当然高度也是和标签栏一样的为 96 px；内容区域高度为 1038 px （1280-50-96-96=1038）。

（2）图标尺寸

Android 设备上的图标尺寸如图 2-36 所示。

屏幕大小	启动图标	操作栏图标	上下文图标	系统通知图标(白色)	最细笔画
320×480 px	48×48 px	32×32 px	16×16 px	24×24 px	不小于 2 px
480×800px /480×854px /540×960px	72×72 px	48×48 px	24×24 px	36×36 px	不小于 3 px
720×1280 px	48×48 dp	32×32 dp	16×16 dp	24×24 dp	不小于 2 dp
1080×1920 px	144×144 px	96×96 px	48×48 px	72×72 px	不小于 6 px

▲ 图 2-36　Android 设备上的图标尺寸

提示：Android 设计规范中，使用的单位是"dp"，"dp"与在 Android 设备上不同的密度转换后的"px"是不一样的。Android 设备分辨对照图如图 2-37 所示。

（3）字体

Android 上的字体为 Droid sans fallback，是谷歌自己的字体，与微软雅黑很像。Android 系统下字体大小如图 2-38 所示。

名称	分辨率 px	dpi	像素比	示例 dp	对应像素
xxxhdpi	2160 x 3840	640	4.0	48dp	192px
xxhdpi	1080 x 1920	480	3.0	48dp	144px
xhdpi	720 x 1280	320	2.0	48dp	96px
hdpi	480 x 800	240	1.5	48dp	72px
mdpi	320 x 480	160	1.0	48dp	48px

▲ 图 2-37　Android 设备分辨率对照图

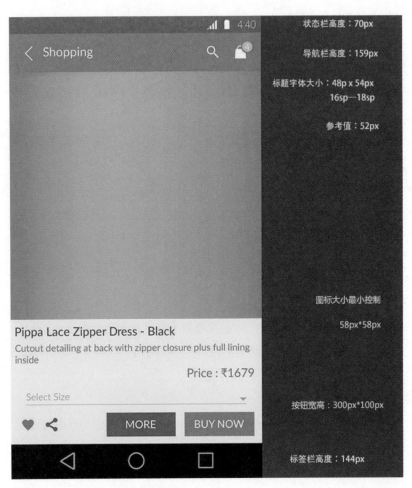

▲ 图 2-38　Android 系统下字体大小

（4）颜色值

Android 颜色值取值为十六进制数值，比如绿色，给开发者的值为 #5bc43e。

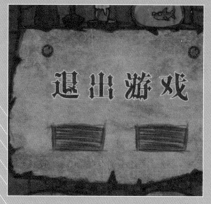

第 ③ 章

按钮设计

3.1 游戏界面按钮设计方法

经常有同学会问一些关于按钮设计的问题，怎么样做出漂亮又特别的按钮？画按钮的技法在网络上能找到很多，但是很少有人讲按钮设计的方法论。一个漂亮的按钮，我们要看它的表现方式、形态、质感是否符合整个界面所要传达的整体风格。按钮的设计值得每个设计师去重视。随着网络媒体的发展，各行各业都在网络媒体上展示自己，也相继出现了很多电子产品的显示界面设计，这些界面的设计风格肯定不会千篇一律，涉及的按钮设计也是各有风格的。

"艺术来源于模仿""设计来源于生活"，在画按钮时主要要从生活中发现自己需要的元素。下面就举例来谈谈设计方法。

首先，我们知道，按钮在效果表现上很大一部分是从质感的表现上来识别的，比如最常见 Vista 风格的按钮，就是从玻璃质感上表现的。如图 3-1 所示，很明显就能看出玻璃瓶的高光、反光和投影，我们在表现按钮质感时也多是从这三方面出发。

如图 3-2 所示，A 按钮是完全按照玻璃瓶质感的方式来画的。如图 3-3 所示，B 按钮是经过对光规律的观察而总结出想要的表现方式的一种艺术处理。也就是说，我们在参照质感表现进行按钮设计的时候要考虑自己需要的艺术效果，进行适当的艺术处理，这样也便于界面制作人员制作。

▲ 图 3-1　玻璃瓶素材

▲ 图 3-2　A 按钮

▲ 图 3-3　B 按钮

如图 3-4 所示是常见的苹果风格的键盘按钮设计，随着触摸屏手持设备的普及，绝大数的键盘界面都采用模仿原来手机实物键盘的设计方式，可以让用户对界面产生亲切感，设计也看起来更加简洁美观。如图 3-5 所示，C 按钮是参照键盘的质感设计的样稿。

如图 3-6 所示，D 按钮是选择了同一色相不同明度和纯度所设计的按钮。这个例子说明在做这种渐变风格的按钮设计时，一定要把握住一个重要问题，在同一种色相中做渐变效果才自然，当然除非设计师追求一些不一样的效果。如图 3-7 所示的色谱中可以看出色相的微妙关系。

▲ 图 3-4　键盘按钮设计

▲ 图 3-5　C 按钮

▲ 图 3-6　D 按钮

如图 3-8 所示，E 按钮是采用的 45°角径向渐变的按钮，可以发现渐变方式不同最后按钮呈现效果也会不同，就这一点设计师可以设计出很多不同形式的按钮。

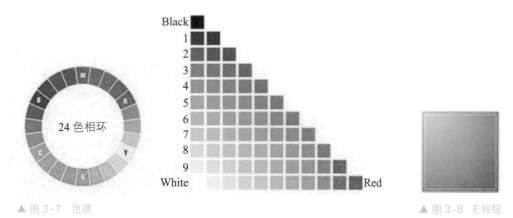

▲ 图 3-7　色谱

▲ 图 3-8　E 按钮

还有一些生活中的按钮设计，如图 3-9 所示这个开关按钮是参考复印机上的按钮来设计的，这种按钮的设计方法很简单，但效果很好，也可以加强用户对界面的亲切感，更有利于用户使用。

如图 3-10 所示的按钮是常见的上下调节按钮，可见在做按钮设计时可供参考的实物很多，多观察周围的实物往往会有意想不到的收获，再通过简单的艺术效果处理就可以得到不同的按钮效果。

▲ 图 3-9　开关按钮

▲3-10　上下调节按钮

界面设计师在做界面设计时应该多观察生活中的物品，这些都能给界面设计带来很多启发。

3.2 扁平化风格按钮设计案例

设计构思

本节案例是制作扁平化风格按钮。界面中主要采用冷暖色调，背景的冷色调对比操作界面的暖色调，使画面色彩更加丰富，用画笔工具做出细小的细节修饰，同时制作按钮的文字效果。

设计规格

尺寸规格：2680×1280 像素。

使用工具：矩形工具、钢笔工具、画笔工具、自定义形状工具、横排文字工具。

设计色彩分析

将操作界面调整为暖黄色的色调，使其具有手绘作品的感觉。

▲ R:214、G:197、B:150

▲ R:29、G:7、B:2

▲ R:101、G:92、B:116

▲ 效果展示

具体操作步骤如下：

step 01　打开 Photoshop CS6 软件，选择【文件】→【新建】命令或按【Ctrl+N】组合键，打开【新建】对话框，新建一个空白文档，宽度和高度分别为 2680 像素、1280 像素，分辨率为 300 像素 / 英寸，颜色模式为 8 位 RGB 颜色模式，背景内容为白色，如图 3-11 所示。

step 02　按【Ctrl+O】组合键打开一张素材图片作为背景，如图 3-12 所示。

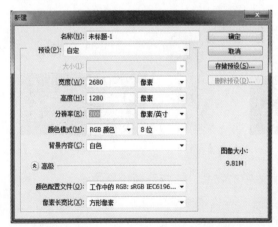

▲ 图 3-11　新建空白文档

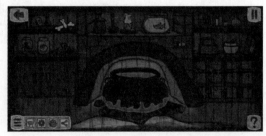

▲ 图 3-12　打开素材图片

step 03　单击左侧工具栏中的【钢笔工具】或按快捷键【P】，勾选出一个不规则的矩形，勾选完毕后按【Ctrl+Enter】组合键转换为选区，如图 3-13 所示。

step 04　按【Ctrl+Shift+N】组合键新建"图层 1"，单击左侧工具栏中的【填充工具】，进入【拾色器（前景色）】对话框，选取颜色 RGB 参数分别为 R:214、G:197、B:150，单击【确定】按钮，如图 3-14 所示。

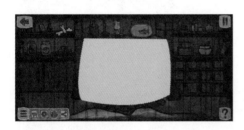

▲ 图 3-13　转换为选区　　　　　　　　　　　　　　　▲ 图 3-14　拾色器

step 05　按住【Ctrl】键的同时单击"图层 1"，进行【载入选区】，单击左侧工具栏中的【笔刷工具】，设置大小为 70 像素，如图 3-15 所示。再配合【橡皮擦工具】轻微擦拭选区边缘，制造出破旧纸张的效果，绘制效果如图 3-15 所示。

step 06　在【图层】面板中，将"图层 1"的不透明度调整为 80%，如图 3-16 所示。调整后的效果如图 3-17 所示。

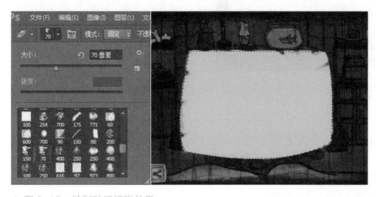

▲ 图 3-15　绘制破旧纸张效果　　　　　　　　　　　　▲ 图 3-16　调整不透明度

step 07　按【Ctrl+J】组合键复制"图层 1"，在【图层】面板中，按住鼠标左键将"图层 1 副本"拖至"图层 1"的上方。单击左侧工具栏中的【填充工具】，进入【拾色器（前景色）】对话框，选取颜色 RGB 参数分别为 R:28、G:6、B:1，单击【确定】按钮，并把"图层 1 副本"的不透明度调整为 100%，如图 3-18 所示。

step 08　按【Ctrl+T】组合键进行【变形】后，再按【Alt+Shift】组合键将"图层 1 副本"原位放大，设置参数 X 为 1345.00 像素、Y 为 682.50 像素、W 为 100.00%、H 为 100.00%，如图 3-19 所示。变形及原位放大效果如图 3-20 所示。

▲ 图 3-17　调整不透明度效果

▲ 图 3-18　调整不透明度

▲ 图 3-19　原位放大

▲ 图 3-20　变形及原位放大效果

step 09　按【Ctrl+O】组合键打开一张素材图片作为背景，如图 3-21 所示。

step 10　右键单击图层并选择【栅格化图层】命令，如图 3-22 所示。

▲ 图 3-21　打开素材图片

▲ 图 3-22　栅格化图层

step 11　按【Ctrl+U】组合键打开【色相/饱和度】对话框，设置图层的色相参数为 0，饱和度为 -100，明度为 0，如图 3-23 所示。调整色相/饱和度效果如图 3-24 所示。

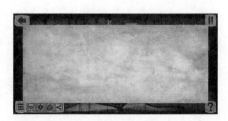

▲ 图 3-23　色相/饱和度

▲ 图 3-24　调整色相/饱和度效果

step 12　右键单击图层并选择【创建剪贴蒙版】命令，如图 3-25 所示。

step 13　单击【图层】面板左上方的【混合模式】下拉列表，选择【线性加深】模式，如图 3-26
所示。效果如图 3-27 所示。

▲ 图 3-25　创建剪贴蒙版　　　　　　　▲ 图 3-26　线性加深模式

step 14　按【Ctrl+Shift+N】组合键新建"图层 2"，单击左侧工具栏中的【画笔工具】，设
置笔刷大小为 7，如图 3-28 所示。

▲ 图 3-27　线性加深效果

▲ 图 3-28　设置笔刷大小

step 15　单击左侧工具栏中的【填充工具】，进入【拾色器（前景色）】对话框，选取颜色
RGB 参数分别为 R:105、G:81、B:83，R:72、G:49、B:51，R:44、G:21、B:23，用 3 种颜色绘
制出图钉效果，如图 3-29 至图 3-31 所示。绘制效果如图 3-32 所示。

▲ 图 3-29　拾色器

▲ 图 3-30　拾色器

▲ 图 3-31 拾色器   ▲ 图 3-32 图钉绘制效果

step 16   按【Ctrl+J】组合键复制"图层 2",单击左侧工具栏中的【移动工具】并按住【Shift】键将"图层 2 副本"水平拖至右侧,适当调整位置使"图层 2"和"图层 2 副本"中的图钉样式对齐,效果如图 3-33 所示。

step 17   单击左侧工具栏中的【横排文字工具】,输入文本内容"退出游戏"并选用"字心坊李林哥特体简体中文"的字体样式,如图 3-34 所示。

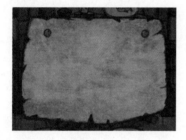

▲ 图 3-33 对齐图钉   ▲ 图 3-34 输入文本并选择字体

step 18   单击左侧工具栏中的【横排文字工具】,在相应图层双击全选"退出游戏"文字,如图 3-35 所示。

step 19   单击左上方文字工具栏的【拾色器】按钮,如图 3-36 所示。在【拾色器(前景色)】对话框中选取颜色 RGB 参数为 R:34、G:30、B:34,如图 3-37 所示。

▲ 图 3-35 全选文字   ▲ 图 3-36 文字工具栏

step 20   单击菜单栏【窗口】下拉列表中的【字符】命令,如图 3-38 所示,打开【字符】面板。

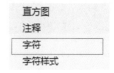

▲ 图 3-37 拾色器 　　　　　　　　　　　　　　　　　　▲ 图 3-38 字符

step 21 在【字符】面板中，设置行距为 18.44 点，所选字符的字距调整为 200，水平缩放为 100%，如图 3-39 所示。

step 22 在【图层】面板双击"退出游戏"图层，打开【图层样式】面板，添加【描边】效果，设置大小为 4 像素，位置选择外部，混合模式为正常，不透明度为 79%，填充类型选择颜色，如图 3-40 所示，双击颜色框打开【拾色器（描边颜色）】对话框。

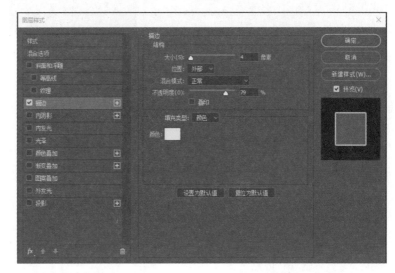

▲ 图 3-39 字符面板 　　　▲ 3-40 描边效果

step 23 选取颜色 RGB 参数为 R:231、G:231、B:231，如图 3-41 所示，单击【确定】按钮。填充效果如图 3-42 所示。

step 24 单击左侧工具栏中的【钢笔工具】，勾选出一个不规则的小矩形作为按钮的底色，按【Ctrl+Enter】组合键转换为选区，如图 3-43 所示。

step 25 按【Ctrl+Shift+N】组合键新建"图层 3"，单击左侧工具栏中的【填充工具】，进入【拾色器（前景色）】对话框，选取颜色 RGB 参数为 R:118、G:121、B:147，如图 3-44 所示。

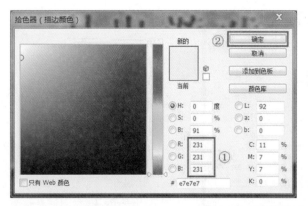

▲ 图 3-41　拾色器

▲ 图 3-42　填充效果

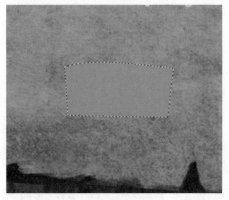

▲ 图 3-43　转换为选区

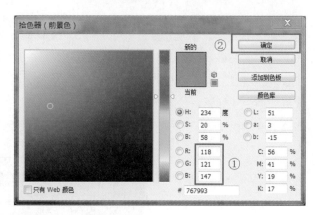

▲ 图 3-44　拾色器

step 26　按【Ctrl+Shift+N】组合键新建"图层 4"，单击左侧工具栏中的【画笔工具】，选择 Sampled Brush13 70 笔刷，设置大小为 7 像素，如图 3-45 所示。

step 27　单击左侧工具栏中的【填充工具】，进入【拾色器（前景色）】对话框，选取颜色 RGB 参数为 R:75、G:72、B:77，如图 3-46 所示，单击【确定】按钮，在小矩形周围画出边框。

▲ 图 3-45　设置画笔

▲ 图 3-46　拾色器

step 28　继续使用【填充工具】，在【拾色器（前景色）】对话框中选取颜色 RGB 参数为 R:51、G:53、B:90，单击【确定】按钮，如图 3-47 所示，在小矩形的中间画几条横线作为木纹纹理。

step 29　继续使用【填充工具】，在【拾色器（前景色）】对话框中选取颜色 RGB 参数为 R:43、G:39、B:43，如图 3-48 所示，单击【确定】按钮，加深小矩形的边框。填充木纹纹理效果如图 3-49 所示。

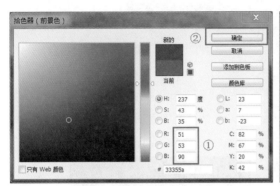

▲ 图 3-47　拾色器

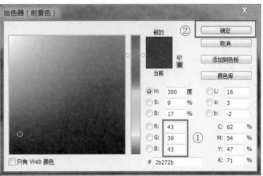

▲ 图 3-48　拾色器

step 30　按【Ctrl+J】组合键复制"图层 3"，将复制出来的"图层 3 副本"拖至"图层 4"的上方，如图 3-50 所示。

▲ 图 3-49　填充木纹纹理效果

▲ 3-50　复制图层

step 31　按住【Ctrl】键的同时单击"图层 1"，载入选区后打开【拾色器（前景色）】对话框，选取颜色 RGB 参数为 R:74、G:39、B:31，如图 3-51 所示。按【Alt+Delete】组合键为"图层 3 副本"填充颜色，填充效果如图 3-52 所示。

▲ 图 3-51　拾色器

▲ 图 3-52　填充效果

step 32　单击【图层】面板左上方的【混合模式】下拉列表，选择【柔光】模式，如图 3-53 所示。再将不透明度设置为 65%，如图 3-54 所示。

▲ 图 3-53　柔光模式　　　▲ 图 3-54　调整不透明度

step 33　按住【Ctrl】键的同时依次单击"图层 3""图层 4""图层 3 副本"后，按【Ctrl+E】组合键将 3 个图层合并为"图层 3 副本"，如图 3-55 所示。

step 34　按【Ctrl+J】组合键复制"图层 3 副本"，单击左侧工具栏中的【移动工具】并按住【Shift】键将复制出来的"图层 3 副本 2"水平拖至右侧，适当调整位置使"图层 3 副本"和"图层 3 副本 2"中的按钮框对齐，效果如图 3-56 所示。

▲ 图 3-55　合并图层　　　▲ 图 3-56　对齐按钮

step 35　单击左侧工具栏中的【横排文字工具】，选用"字心坊李林哥特体简体中文"的字体样式，在两个按钮框中分别输入文本"取消""确定"，将文字大小改为 23.57 点，如图 3-57 所示。

▲ 图 3-57　创建文本

step 36　使用【横排文字工具】，选中"取消""确定"文本所在图层，单击左上方文字工具栏的【拾色器】按钮，在【拾色器（文本颜色）】对话框中将颜色 RGB 参数调整为 R:241、G:230、B:241，如图 3-58 所示。

step 37　最后单击左侧工具栏中的【移动工具】，选中"取消""确定"的相应文本图层，按方向键移动"取消""确定"的位置，将它们调至适当位置即可。完成效果如图 3-59 所示。

▲ 图 3-58　拾色器　　　▲ 图 3-59　完成效果图

3.3 Q 版风格按钮设计案例

设计构思

本节案例是制作 Q 版风格按钮。界面中主要采用暖色调，多样化的暖色调使画面色彩更加丰富，用画笔工具做出细小的细节修饰，同时制作按钮的文字效果。

设计规格

尺寸规格：1200×640 像素。

使用工具：矩形工具、钢笔工具、画笔工具、自定义形状工具、横排文字工具。

设计色彩分析

将界面调整为暖黄色的色调，使其具有卡通的感觉。

▲ R:143、G:67、B:12

▲ R:250、G:206、B:75

▲ R:239、G:94、B:111

▲ 效果展示

具体操作步骤如下：

step 01　打开 Photoshop CS6 软件，选择【文件】→【新建】命令或按【Ctrl+N】组合键，新建一个空白文档，宽度和高度分别为 1200 像素、640 像素，分辨率为 300 像素 / 英寸，颜色模式为 RGB 模式 8 位图像，背景为白色，如图 3-60 所示。

step 02　单击【新建图层】按钮，或按【Ctrl+Shift+N】组合键新建图层并命名为"圆角矩形 1"，单击左侧工具栏中的【圆角矩形工具】，在画布中双击，在弹出的【创建圆角矩形】对话框中设置宽度为 200 像素，高度为 100 像素，半径为 30 像素，勾选【从中心】单选按钮，单击【确定】按钮，如图 3-61 所示。圆角矩形效果如图 3-62 所示。

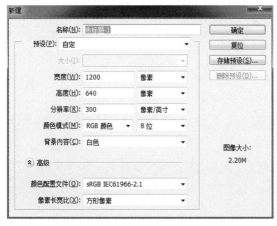

▲ 图 3-60　新建空白文档

▲ 图 3-61　创建圆角矩形

step 03　按【Ctrl+T】组合键进行自由变换，按【Alt+Shfit】组合键放大，调整好图形位置，效果如图 3-63 所示。

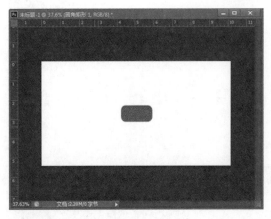 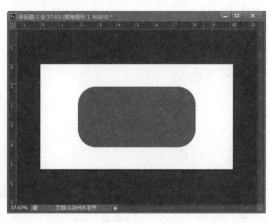

▲ 图 3-62　圆角矩形效果　　　　　　　　　　　▲ 图 3-63　自由变换并放大

step 04　双击"圆角矩形 1"图层，打开【图层样式】面板，添加【描边】效果，设置大小为 9 像素，位置选择外部，混合模式为正常，不透明度为 100%，填充类型选择渐变，勾选【与图层对齐】复选按钮，角度为 0 度，缩放为 100%，如图 3-64 所示。

step 05　然后单击【渐变】下拉框，设置渐变色，再双击色标图标，选择颜色参数分别为 #2f1402、#5f2a06、#57270a、#57270a、#311807，如图 3-65 所示。

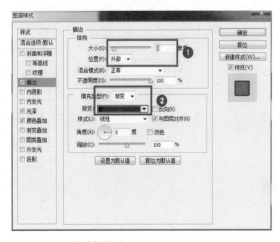 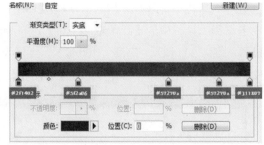

▲ 图 3-64　描边效果　　　　　　　　　　　　　▲ 图 3-65　设置渐变色

step 06　继续添加【光泽】效果，设置混合模式为正常，颜色参数为 #de8716，不透明度为 48%，角度为 19 度，距离为 30 像素，大小为 166 像素，勾选【反相】复选按钮，如图 3-66 所示。

step 07　继续添加【颜色叠加】效果，设置混合模式为正常，颜色参数为 #783819，不透明度为 100%，单击【确定】按钮，如图 3-67 所示。

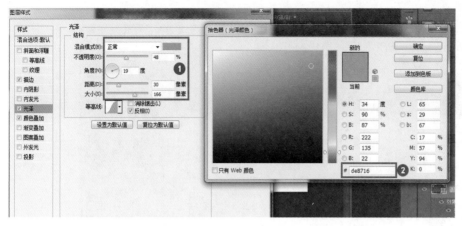

▲ 图 3-66　光泽样式效果

step 08　按【Ctrl+J】组合键复制图层，再次使用【Ctrl+T】组合键进行自由变换，缩放参数设置 W 为 90%，H 为 85%，如图 3-68 所示。

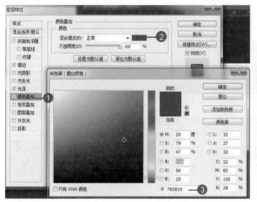

▲ 图 3-67　颜色叠加效果

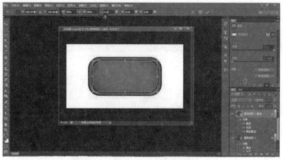

▲ 图 3-68　自由变换

step 09　双击"圆角矩形 1 副本"图层，打开【图层样式】面板，取消勾选【描边】复选按钮，添加【颜色叠加】效果，设置混合模式为正常，颜色参数为 #e1a09f，不透明度为 100%，如图 3-69 所示，单击【确定】按钮。

step 10　继续选择【外发光】样式，设置混合模式为正常，不透明度为 100%，杂色为 3%，颜色参数设置为 #893905，方法选择精确，扩展为 51%，大小为 24 像素，范围为 50%，如图 3-70 所示，单击【确定】按钮。

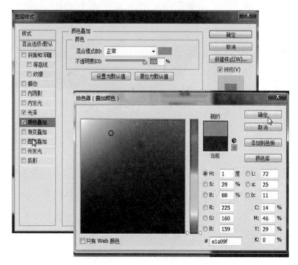

▲ 图 3-69　颜色叠加效果

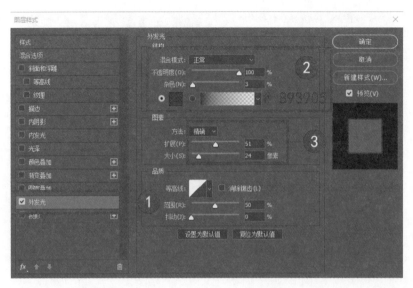

▲ 图 3-70　外发光效果

step 11　单击【新建图层】按钮新建图层，单击左侧工具栏中的【钢笔工具】，绘制高光点。将菜单栏下的填充颜色参数设置为 #e49c2c，然后设置图层不透明度为 100%，如图 3-71 所示。

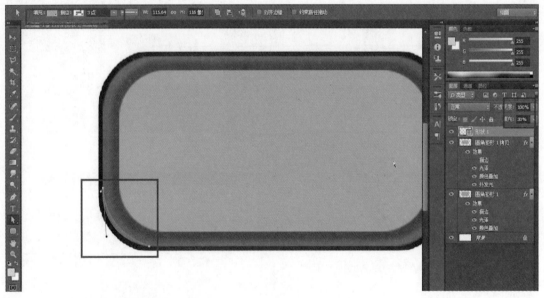

▲ 图 3-71　填充工具

step 12　单击【新建图层】按钮新建图层，单击左侧工具栏中的【钢笔工具】，绘制饼干碎。选中所有饼干碎所在的图层，按【Ctrl+G】组合键合并图层，并将合并的图层名更改为"点缀"。双击"点缀"图层，打开【图层样式】面板，添加【斜面和浮雕】效果，设置样式选择内斜面，方法为平滑，深度为 32%，方向为下，大小为 2 像素，软化为 1 像素；设置阴影的角度为 120 度，高度为 30 度，勾选【使用全局光】复选按钮，高光模式为滤色，颜色参数为 #fdf5b6，不透明度为 75%；阴影模式为正片叠底，颜色参数为 #eaad71，不透明度为75%,如图3-72所示。

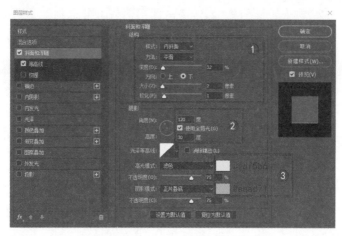

▲ 图 3-72 斜面和浮雕效果

step 13 添加【等高线】效果,设置范围为50%,如图3-73所示,调整出立体效果。

step 14 单击【新建图层】按钮新建图层,命名为"圆角矩形2",单击左侧工具栏中的【圆角矩形工具】,在画布中双击,在弹出的【创建圆角矩形】对话框中设置宽度为635像素,高度为300像素,半径为70像素,单击【确定】按钮,调整整体位置,效果如图3-74所示。

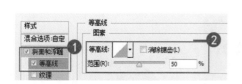

▲ 图 3-73 调整出立体效果　　　　▲ 图 3-74 创建圆角矩形

step 15 双击"圆角矩形2"图层,打开【图层样式】面板,添加【内发光】效果,设置混合模式为正常,不透明度为78%,杂色为0%,颜色参数为#965020,方法选择柔和,源选择边缘,阻塞为24%,大小为13像素,范围为50%,如图3-75所示。

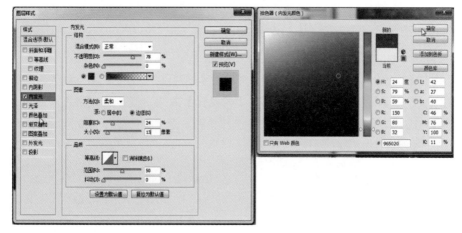

▲ 图 3-75 内发光效果

step 16　添加【渐变叠加】效果，设置混合模式为正常，不透明度为 100%，颜色参数分别为 #fde345、#ed566f，样式选择线性，勾选【与图层对齐】复选按钮，角度为 -90，缩放为 100%，如图 3-76 所示，单击【确定】按钮。效果如图 3-77 所示。

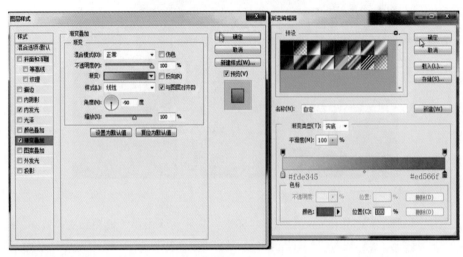

▲ 图 3-76　渐变叠加效果

step 17　单击【新建图层】按钮新建图层，单击左侧工具栏中的【文字工具】并输入文本内容"充值"，使用"方正胖娃简体"字体，设置大小为 50 点，字符间距为 300，如图 3-78 所示。输入文本后整体效果如图 3-79 所示。

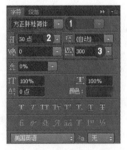

▲ 图 3-77　添加图层样式后效果　　　▲ 图 3-78　创建文本　　　▲ 图 3-79　输入文本后整体效果

step 18　单击【新建图层】按钮新建图层，单击左侧工具栏中的【钢笔工具】，绘制光亮的奶油感觉。设置颜色参数为 #fbe175，图层不透明度为 36%，然后把图层移到"充值"文本图层的下方，如图 3-80 所示。

step 19　单击【新建图层】按钮新建图层，单击左侧工具栏中的【钢笔工具】，绘制高光。双击该图层，打开【图层样式】面板，添加【内发光】效果，混合模式为正常，不透明度为 75%，杂色为 0%，颜色参数为 #ffe955，方法选择柔和，源选择边缘，阻塞为 46%，大小为 33 像素，范围为 50%，如图 3-81 所示。

▲ 图 3-80 填充工具

step 20 继续添加【颜色叠加】效果，设置混合模式为正常，颜色参数为 #ffffff，不透明度为 100%，如图 3-82 所示。

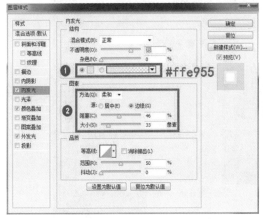

▲ 图 3-81 内发光效果

▲ 图 3-82 颜色叠加效果

step 21 继续添加【外发光】效果，设置混合模式为正常，不透明度为 75%，杂色为 0%，颜色参数为 #fbdd71，方法选择柔和，扩展为 0%，大小为 5 像素，范围为 50%，单击【确定】按钮，如图 3-83 所示。最后单击【添加图层蒙版】按钮，让高光部分显得更自然，效果如图 3-84 所示。

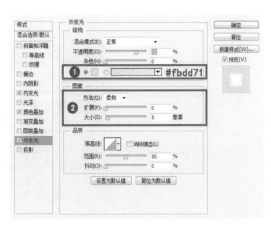

▲ 图 3-83 外发光效果

63

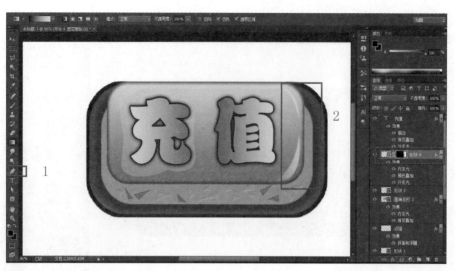

▲ 图 3-84　添加图层蒙版

step 22　双击"背景"图层，单击左侧工具栏中的【渐变工具】填充颜色，设置颜色参数为 #d4ac8c 和 #966a4f，如图 3-85 所示。

▲ 图 3-85　渐变工具

Q 版按钮制作完成，最终效果如图 3-86 所示。

▲ 图 3-86　Q 版按钮最终效果图

3.4 欧美风格按钮设计案例

设计构思

本节案例是制作欧美风格按钮。界面中主要采用冷色调，硬朗的冷色调使画面充满科技感，用素材叠加效果，同时制作按钮的文字效果。

设计规格

尺寸规格：1200×640 像素。

使用工具：矩形工具、钢笔工具、画笔工具、自定义形状工具、横排文字工具。

设计色彩分析

将界面调整为蓝色的冷色调，使其具有战斗科技的感觉。

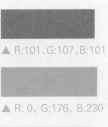

▲ R:101、G:107、B:101

▲ R: 0、G:176、B:230

▲ R:228、G:228、B:224

▲ 效果图

具体操作步骤如下：

step 01　打开 Photoshop CS6 软件，选择【文件】→【新建】命令或按【Ctrl+N】组合键，新建一个空白文档，宽度和高度分别为 1200 像素、640 像素，分辨率为 300 像素 / 英寸，颜色模式为 RGB 模式 8 位图像，背景为白色，如图 3-87 所示。

step 02　单击【新建图层】按钮创建"图层 1"。在菜单栏下选择【视图】→【标尺】工具，如图 3-88 所示。按住鼠标左键拖出参考线。单击左侧工具栏中的【钢笔工具】勾出内侧外形，效果如图 3-89 所示。

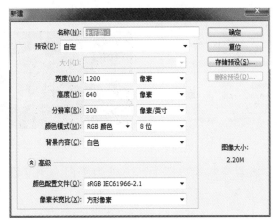

▲ 图 3-87　新建空白文档

▲ 图 3-88　标尺工具

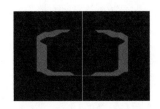

▲ 图 3-89　拖出参考线并勾出内侧外形

step 03 　双击"图层 1"，打开【图层样式】面板，添加【斜面和浮雕】效果，设置样式为
内斜面，方法为平滑，深度为 100%，方向为上，大小为 5 像素，软化为 0 像素。设置阴影
的角度为 120 度，高度为 30 度，勾选【使用全局光】复选按钮；高光模式为滤色，颜色参
数为 #ffffff，不透明度为 75%；阴影模式为正片叠底，颜色参数设置为 #000000，不透明度
为 75%，如图 3-90 所示。

step 04 　找一张金属纹理贴图素材，如图 3-91 所示。

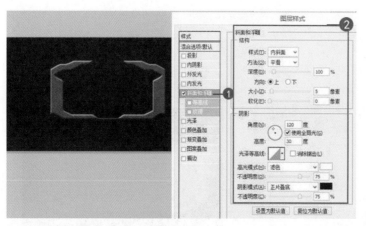

▲ 图 3-90　斜面和浮雕效果　　　　　　　　　　　　　　　▲ 图 3-91　金属纹理贴图素材

　　对贴图素材进行【纹理叠加】处理，并添加图层样式【斜面和浮雕】效果，设置样式内斜面，
方法为平滑，深度为 100%，方向为上，大小为 16 像素，软化为 0 像素。设置阴影的角度为 120 度，
高度为 30 度，勾选【使用全局光】复选按钮；高光模式为滤色，颜色参数为 #ffffff，不透明
度为 75%；阴影模式为正片叠底，颜色参数为 #000000，不透明度为 75%，如图 3-92 所示。

step 05 　再单击左侧工具栏中的【钢笔工具】，绘制出如图 3-93 所示的装饰边，填充不同颜色。

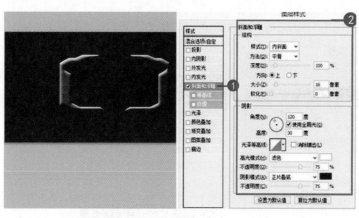

▲ 图 3-92　斜面和浮雕效果　　　　　　　　　　　　　　　▲ 图 3-93　绘制装饰边

step 06 　继续添加【斜面和浮雕】效果，设置样式为内斜面，方法为平滑，深度设置为
100%，方向为上，大小为 13 像素，软化为 0 像素。设置阴影的角度为 120 度，高度为 30 度，
勾选【使用全局光】复选按钮；高光模式为滤色，颜色参数为 #ffffff，不透明度为 75%，阴影

模式为正片叠底，颜色参数为 #000000，不透明度为 75%，使它们有立体感，如图 3-94 所示。

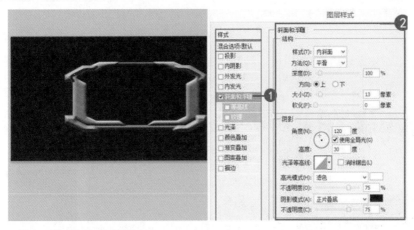

▲ 图 3-94　斜面和浮雕效果

step 07　单击左侧工具栏中的【钢笔工具】，在按钮内侧边框勾勒出与内侧相同的形状，设置不透明度为 60%，如图 3-95 所示。

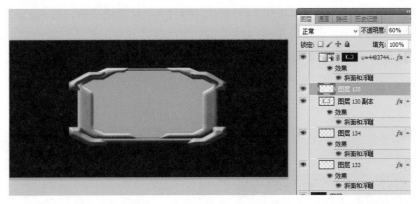

▲ 图 3-95　绘制按钮内侧边框

step 08　打开【图层样式】面板，添加【外发光】效果，设置混合模式为滤色，不透明度为 75%，杂色为 0%，颜色参数为 #e7fcfc，方法为柔和，扩展为 6%，大小为 32 像素，范围设置为 50%，如图 3-96 所示。

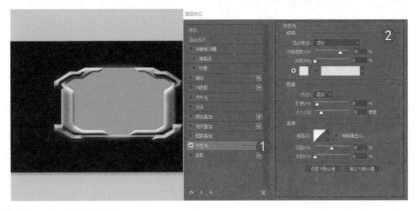

▲ 图 3-96　外发光效果

step 09　继续添加【渐变叠加】效果，设置混合模式为叠加，不透明度为 100%，样式选择对称的，勾选【与图层对齐】复选按钮，角度为 -90 度，缩放为 104%，如图 3-97 所示，单击【确定】按钮。

step 10　单击左侧工具栏中的【矩形工具】，绘制出两边的发光晶管的外形，效果如图 3-98 所示。

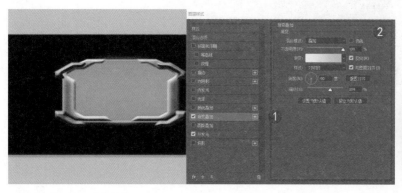

▲ 图 3-97　渐变叠加效果　　　　　　　　　　　　　　　　　　▲ 图 3-98　绘制发光晶管外形

step 11　打开【图层样式】面板，添加【斜面和浮雕】效果，样式选择内斜面，设置方法为平滑，深度为 100%，方向为上，大小为 13 像素，软化为 0 像素。设置阴影的角度为 120 度，高度为 30 度，勾选【使用全局光】复选按钮；【高光模式】为滤色，颜色参数为 #ffffff，不透明度为 75%；阴影模式为正片叠底，颜色参数设置为 #000000，不透明度为 75%，使它们有立体感，如图 3-99 所示。

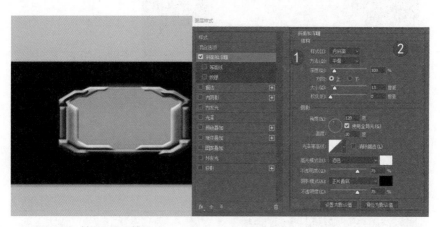

▲ 图 3-99　斜面和浮雕效果

step 12　继续添加【渐变叠加】效果，设置混合模式为正常，不透明度为 100%，颜色参数为 #225ca6、#cff1fb。样式选择线性，勾选【与图层对齐】复选按钮，角度为 0，缩放为 100%，如图 3-100 所示，单击【确定】按钮。

step 13　找一张装有液体的玻璃管图片素材，如图 3-101 所示，叠加在绘制的按钮上方。

step 14　打开【图层样式】面板，添加【外发光】效果，设置混合模式为滤色，不透明度为 75%，杂色为 0%，颜色参数为 #69d2ff，方法选择柔和，扩展为 0%，大小为 43 像素，范围设置为 50%，如图 3-102 所示，单击【确定】按钮。

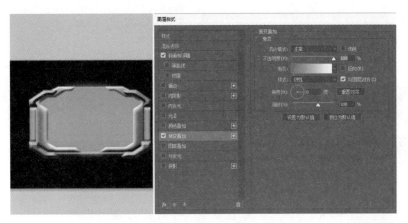

▲ 图 3-100　渐变叠加效果

▲ 图 3-101　玻璃管图片素材

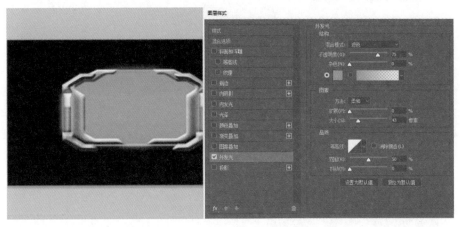

▲ 图 3-102　外发光效果

step 15　单击左侧工具栏中的【文本工具】，输入文字内容"主页"。双击"文本"图层，打开【图层样式】面板，添加【外发光】效果，设置混合模式为滤色，不透明度为 75%，杂色为 0%，颜色参数为 #309afd，方法选择柔和，扩展为 0%，大小为 43 像素，范围设置为 50%，如图 3-103 所示。

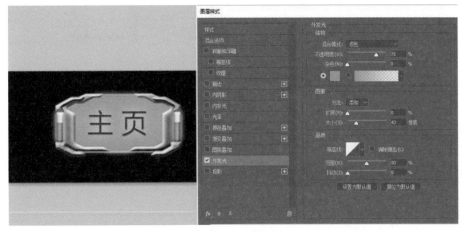

▲ 图 3-103　外发光效果

step 16　继续添加【颜色叠加】效果，设置混合模式为正常，颜色参数为 #e7f7fc，不透明度为 100%，单击【确定】按钮，如图 3-104 所示。

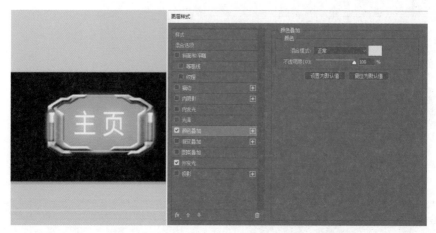

▲ 图 3-104　颜色叠加效果

step 17　继续添加【描边】效果，设置大小为 6 像素，位置选择外部，混合模式为叠加，不透明度为 100%，填充类型选择颜色，颜色参数为 #3378cd，如图 3-105 所示。

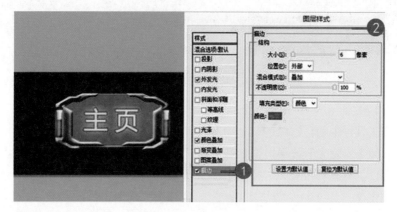

▲ 图 3-105　描边效果

欧美风格按钮制作完成，最终效果如图 3-106 所示。

▲ 图 3-106　欧美风格按钮最终效果图

第 4 章　图标、图形设计

图标设计的作用及基本原则

4.1.1 图标设计的作用

1. 图标是与其他网站链接的标志和入口

Internet 之所以叫作"互联网",在于各个网站之间可以链接。要让其他人走入你的网站,必须提供一个入口。而 LOGO 图形化的形式,特别是动态的 LOGO,比文字形式的链接更能吸引人的注意。在这个争夺眼球的时代,这一点尤为重要。

2. 图标是网站形象的重要体现

就一个网站而言,图标设计就是网站的名片。对于一个设计精美的网站,图标更是它的灵魂所在,即所谓的"点睛"之处。

3. 图标能使受众便于选择

一个好的图标往往会反映网站及制作者的某些信息,特别是对于商业网站来话,我们可以从中基本了解到这个网站的类型或主要内容。想一想,你的受众要在一个布满各种图标链接的页面中寻找自己想要的特定内容的网站时,一个能让人轻易看出它所代表的网站类型和内容的图标会有多重要。

4.1.2 图标设计的基本原则

图标设计的基本原则就是要尽可能发挥图标的优点,即比文字直观,比文字漂亮;减少图标的缺点,即不如文字表达得准确,因此图标设计的基本原则可以简单归纳以下几点。

1. 可识别原则

可识别原则是指图标的图形要能准确表达对应的操作。看到一个图标,就能明白它所代表的含义,这是图标设计的最主要目标,也就是图标设计的第一原则。

2. 差异性原则

假设一个界面上有 6 个图标,用户一眼看上去,要能第一时间感觉到它们之间的差异性。这是图标设计中很重要的一条原则,但也是在设计中容易被忽略的一条。

3. 适量的精细度原则

首先,图标的主要作用是使用,代替文字,第二作用才是美观。但现在的图标设计者往往陷入一个误区,片面地追求精细、元素个数、高光和质感。其实,图标的可用性随着精细度的变化是一个类似于波峰的曲线,在初始阶段,图标可用性会随着精细度的增强而上升,但是达到一定精细度以后，图标的可用性会随着图标的精细度增强而下降。

4. 统一性原则

我们经常会看到一个界面上堆砌着各种不同风格的图标，显然，这些图标都是从互联网上收集来的，由于没有完全配套的图标，只能东拼西凑，导致界面粗制滥造，设计显得很业余。

一套好的图标要有统一的风格，很多设计师都明白这条原则，但是真正实现起来，也许并不那么容易。首先，建议你用铅笔在白纸上勾勒出草图，用什么符号、图形代表什么操作，在画的时候尽可能确定这套图标的风格定义。接下来要统一色彩，准备好你的调色板，从调色板面板里调出一种风格的颜色略加调整，也就是进行这套图标的色彩定义，保证图标色彩的统一。这样做有助于设计风格统一的图标。

5. 协调性原则

图标是不会单独存在的，都是要放置在界面上才会起作用的。因此，图标的设计要考虑图标所处的环境，是否适合所在的界面？如果界面背景是森林和大地，就可以考虑用石块、木头、蘑菇、野花等元素设计一系列图标。如果界面是平面的、简约的风格，可以考虑用一些简单的平面符号或图形来设计图标，使得整个画面很协调。不要认为这样的图标是简陋的，其实简单的图标的可识别性非常强，在简洁的界面里会透露出一种简约之美。

6. 视觉效果原则

追求视觉效果一定要在保证可识别性、差异性、统一性、协调性原则的基础上，满足基本功能需求后，再考虑更高层次的要求——情感需求。

图标设计的视觉效果很大程度上取决于设计师的天赋、美感和艺术修养，想要迅速提高技能，最原始但也最管用的方法就是多看、多模仿、多创作，勤奋 + 天赋 = 成功。

7. 原创性原则

原创性对图标设计师是一个挑战，但不能为了过度追求图标的原创性和艺术效果另辟蹊径，而降低图标的易用性，也就是所谓的好看不实用。

8. 图标尺寸大小与格式

图标的常有尺寸有：16×16 像素、24×24 像素、32×32 像素、48×48 像素、64×64 像素、128×128 像素、256×256 像素、1024×1024 像素。

图标过大占用界面空间过多，过小又会降低精细度，具体该使用多大尺寸的图标常常根据界面的需求而定。

图标的常用格式有：PNG、GIF、ICO、BMP。

道具图标设计案例

4.2.1 宝石道具图标设计案例

设计构思

本小节案例是制作发光的宝石道具图标，在游戏中经常使用类似发光的宝石作为道具图标。本案例使用的颜色有黑色和蓝色，宝石在黑暗之中闪闪发光，显得更加逼真，给人一种生动的感觉。

设计规格

尺寸规格：350×350 像素。

使用工具：画笔工具、钢笔工具、套索工具、渐变工具。

设计色彩分析

将宝石颜色设置成蓝色的并散发着蓝光，让人感到冰冷。

▲ R:0、G:0、B:0

▲ R:29、G:250、B:208

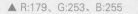

▲ R:179、G:253、B:255

▲ 效果展示

具体操作步骤如下：

step 01 打开 Photoshop CS6 软件，选择【文件】→【新建】或按【Ctrl+N】组合键，新建一个空白文档，宽度和高度分别为 350 像素，分辨率为 72 像素 / 英寸，颜色模式为 RGB 模式 8 位图像，背景为白色，如图 4-1 所示。

step 02 单击【新建图层】按钮，或按【Ctrl+Shift+N】组合键创建"图层 1"，如图 4-2 所示。

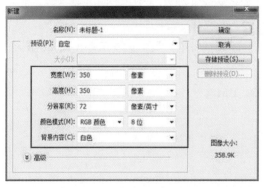

▲ 图 4-1 新建空白文档

▲ 图 4-2 新建图层

step 03 单击左侧工具栏中的【画笔工具】或按快捷键【B】，在"图层 1"上绘制草图，效果如

图 4-3 所示。

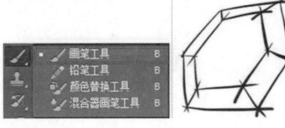

▲ 图 4-3 绘制草图

step 04 单击【新建图层】按钮，或按【Ctrl+Shift+N】组合键创建"图层 2"，如图 4-4 所示。

step 05 单击左侧工具栏中的【钢笔工具】或按快捷键【P】 ，在"图层 2"上勾勒宝石轮廓，如图 4-5 所示。

▲ 图 4-4 新建图层

▲ 图 4-5 勾勒宝石轮廓

step 06 按【Ctrl+Enter】组合键，将刚刚勾勒的路径转换为选区，效果如图 4-6 所示。

step 07 单击左侧工具栏中的【填充工具】，进入【拾色器（前景色）】对话框选取颜色参数为 #000000，单击【确定】按钮，如图 4-7 所示。

step 08 单击"图层 2"，按【Alt+Delete】组合键填充前景色。在菜单栏下选择【选择】→【取消选择】命令或按【Ctrl+D】组合键取消选区。填充前景色后效果如图 4-8 所示。

▲ 图 4-6 转换为选区   ▲ 图 4-7 拾色器   ▲ 图 4-8 填充前景色后效果

step 09 长按鼠标左键拖曳"图层 1"到顶层，调整图层不透明度，如图 4-9 所示。

step 10 单击【新建图层】按钮创建"图层 3"，选中"图层 3"按【Ctrl+Alt+G】组合键创建剪切蒙版，如图 4-10 所示。

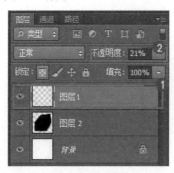
▲ 图 4-9　调整不透明度

▲ 图 4-10　创建剪切蒙版

step 11　根据"图层 1"的线稿，把鼠标光标放在左侧工具栏中的【套索工具】上，长按鼠标左键选择【多边形套索工具】，或按快捷键【L】，如图 4-11 所示。在"图层 3"中区分宝石切割面，选择相应选区，按【Alt+Delete】组合键填充前景色，颜色参数为 #acacac，效果如图 4-12 所示。

step 12　重复以上步骤，单击【新建图层】按钮创建"图层 4"，再选择【创建剪切蒙版】命令或按【Ctrl+Alt+G】组合键，填充颜色，其中中部的多边形部分使用工具栏中的【渐变工具】，如图 4-13 所示。打开【渐变工具】栏，如图 4-14 所示。打开【渐变编辑器】对话框，进行线向渐变处理，双击色标图标进入【拾色器】对话框，选取颜色参数分别为 #d5d5d5、#e8e8e8，如图 4-15 所示。鼠标从左下角拖曳至右上角，填充颜色如图 4-16 所示。

▲ 图 4-11　多边形套索工具

▲ 图 4-12　宝石切割面填充前景色

▲ 图 4-13　渐变工具

▲ 图 4-14　渐变工具栏

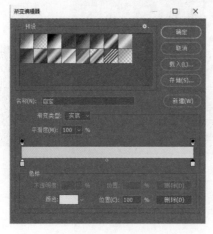
▲ 图 4-15　渐变编辑器

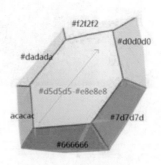
▲ 图 4-16　填充颜色效果

step 13　单击图层旁边的眼睛图标，【隐藏】草稿层"图层 1"，如图 4-17 所示，切割面填充后整体效果如图 4-18 所示。

▲ 图 4-17　隐藏草稿层

▲ 图 4-18　切割面填充后整体效果

step 14　按住【Ctrl】键的同时单击"图层 3"便会出现选区，单击左侧工具栏中的【画笔工具】，设置大小为 154 像素，硬度为 0%，如图 4-19 所示。在选区内使用画笔工具进行涂抹操作，区分宝石明暗部分，如图 4-20 所示。

▲ 图 4-19　画笔工具

▲ 图 4-20　涂抹选区

step 15　涂抹后的整体效果如图 4-21 所示。

step 16　选中"背景"图层，单击左侧工具栏中的图层【填充】按钮，将其填充为黑色，然后观察宝石效果再进行修改，填充背景色后整体效果如图 4-22 所示。

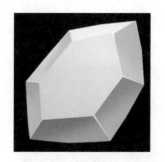

▲ 图 4-21　涂抹后整体效果　　　　　▲ 图 4-22　填充背景色

step 17　单击【新建图层】按钮创建"图层 10"，单击左侧工具栏中的【多边形套索工具】或按快捷键【L】，勾勒出边缘，如图 4-23 所示。

step 18　选中"图层 10"，单击【创建新的填充或调整图层】按钮，如图 4-24 所示。打开【色相 / 饱和度】对话框，调整数值以改变宝石固有色，设置色相为 176，饱和度为 58，明度为 -19，勾选【着色】单选按钮，如图 4-25 所示。

▲ 图 4-23　勾勒边缘　　　　▲ 图 4-24　创建新的填充或调整图层　　　　▲ 图 4-25　色相 / 饱和度

step 19　单击【新建图层】按钮创建新图层并重命名为"符文"，单击左侧工具栏中的【画笔工具】画出一个符文标志，如图 4-26 所示。

step 20　观察宝石明暗对比，单击左侧工具栏中的【画笔工具】，选择有纹理的笔刷进行调整，笔刷颜色可使用【吸管工具】吸取固有色，进入【拾色器（前景色）】对话框，需要暗的颜色则向下拉拾色圆圈，反之向上拉，最后单击【确定】按钮，如图 4-27 所示。

step 21　在相对应的图层单击工具栏中的笔刷进行描绘，笔刷描绘效果如图 4-28 所示。

▲ 图 4-26　符文标志　　　▲ 图 4-27　拾色器　　　　　　　　　　▲ 图 4-28　笔刷描绘效果

step 22　单击【新建图层】按钮创建新图层并重命名为"边缘高光层"，放在"色相/饱和度 1"图层之上，如图 4-29 所示。单击左侧工具栏中的【画笔工具】，调整边缘高光，效果如图 4-30 所示。

▲ 图 4-29　新建图层

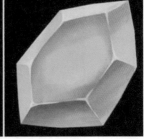

▲ 图 4-30　调整边缘高光效果

step 23　双击"符文"图层，进入【图层样式】面板，添加【描边】效果，设置大小为 1 像素，位置选择外部，混合模式为正常，不透明度为 100%，填充类型选择颜色，选取颜色参数为 #4beff8，如图 4-31 所示，单击【确定】按钮。

step 24　继续添加【颜色叠加】效果，设置混合模式为正常，不透明度为 100%，选取颜色参数为 #c0faff，如图 4-32 所示，单击【确定】按钮。

step 25　继续添加【外发光】效果，设置混合模式为正常，不透明度为 94%，杂色为 0%，颜色参数为 #4af7ff，方法选择柔和，扩展为 0%，大小为 24 像素，如图 4-33 所示，单击【确定】按钮。

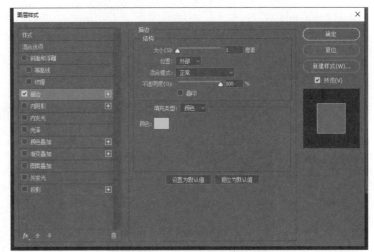

▲ 图 4-31　描边效果

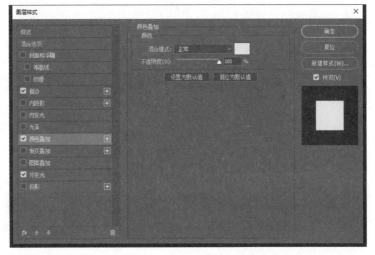

▲ 图 4-32　颜色叠加效果

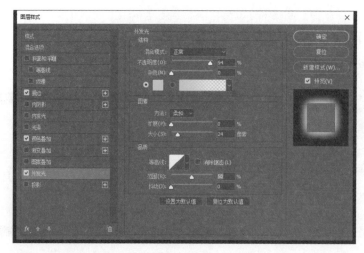

▲ 图 4-33　外发光效果

step 26　添加图层样式后整体效果如图 4-34 所示。

step 27　单击【新建图层】按钮创建"图层 12"并拖至顶层，设置新图层属性为叠加，如图 4-35 所示。使用【画笔工具】，设置颜色参数为 #1adfd0，绘制范围如图 4-36 所示，增加暗部反光和小电光。

▲ 图 4-34　添加图层样式后整体效果　　　　▲ 图 4-35　新建图层

step 28　单击【新建图层】按钮创建新图层，单击左侧工具栏中的【画笔工具】刻画符文阴影，如图 4-37 所示。

▲ 图 4-36　增加暗部反光和小电光　　　　▲ 图 4-37　刻画符文阴影

step 29　单击【新建图层】按钮创建新图层，设置新图层属性为叠加，选择左侧工具栏中的【渐变工具】→【前景色到透明渐变】→【径向渐变】命令，设置颜色参数为淡绿色 #11f8da 和淡黄色 #bdfd93，如图 4-38 所示，给宝石增加反光效果。

step 30　按住【Alt】键的同时单击"图层 2"，出现选区后单击【新建图层】按钮创建新图层，按【Alt+Delete】组合键填充选区为任意颜色，将新建的图层拖曳至顶层并重命名为"发光层"。双击"发光层"进入【图层样式】面板，添加【内发光】效果，混合模式为正常，不透明度为75%，杂色为 0%，颜色参数为 #ffffff，方法选择柔和，源选择边缘，阻塞为 35%，大小为 30 像素，如图 4-39 所示，单击【确定】按钮。

▲ 图 4-38　渐变编辑器

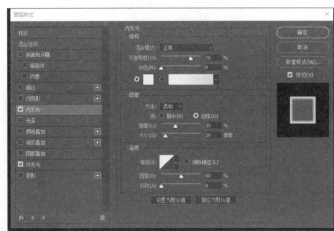

▲ 图 4-39　内发光效果

step 31　继续添加【外发光】效果，设置混合模式为正常，不透明度为 53%，杂色为 0%，颜色参数为 #4de0d2，方法选择柔和，扩展为 0%，大小为 51 像素，如图 4-40 所示，单击【确定】按钮。

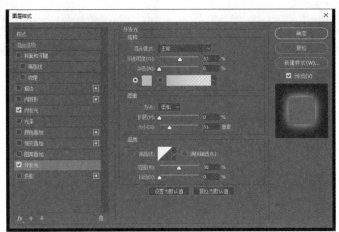

▲ 图 4-40　外发光效果

step 32　单击【新建图层】按钮创建新图层，此时【图层】面板如图 4-41 所示。单击左侧工具栏中的【画笔工具】，调整画笔硬度，设置颜色参数为 #a9f78e 并绘制小光点，此时宝石道具图标整体效果如图 4-42 所示。

▲ 图 4-41　图层面板

▲ 图 4-42　宝石道具图标整体效果

4.2.2　药水道具图标设计案例

设计构思

　　本小节案例是制作药水道具图标，药水道具图标在游戏中尤为常见。画面使用黑色背景和红色瓶子，瓶子还点缀一些发光原点，使其看起来像魔法瓶。

设计规格

　　尺寸规格：400×400 像素。

　　使用工具：钢笔工具、画笔工具、套索工具、形状工具。

设计色彩分析

将画面调整成红色，使药水瓶更能突出特点。

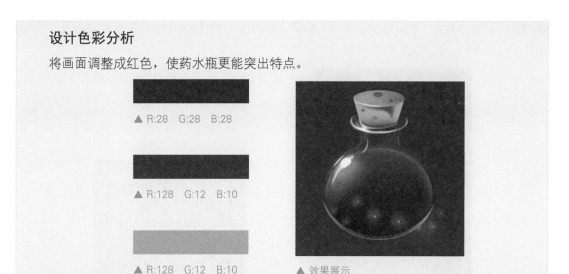

▲ R:28　G:28　B:28

▲ R:128　G:12　B:10

▲ R:128　G:12　B:10

▲ 效果展示

具体操作步骤如下：

step 01　打开 Photoshop CS6 软件，选择【文件】→【新建】命令或按【Ctrl+N】组合键，新建一个空白文档，宽度和高度分别为 400 像素，分辨率为 72 像素 / 英寸，颜色模式为 RGB 模式 8 位图像，背景为白色，如图 4-43 所示。

step 02　单击【新建图层】按钮，或按【Ctrl+Shift+N】组合键创建"图层 1"，如图 4-44 所示。

step 03　单击左侧工具栏中的【填充工具】，进入【拾色器（前景色）】对话框，选取颜色参数为 #1c1c1c，单击【确定】按钮，如图 4-45 所示。

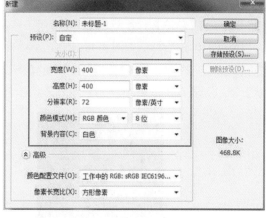

▲ 图 4-43　新建空白文档

▲ 图 4-44　新建图层

▲ 图 4-45　拾色器

step 04　双击"背景"将其转换为图层，如图 4-46 所示。按【Alt+Delete】组合键填充前景色，颜色参数为 #1c1c1c，如图 4-47 所示。

▲ 图 4-46　转换为图层

▲ 图 4-47　为背景填充前景色

step 05　按【Ctrl+R】组合键打开【标尺工具】，按住鼠标左键拖出参考线，拉出两条参考线，并以十字点为中心点，如图 4-48 所示。

step 06　绘制瓶身。单击左侧工具栏中的【椭圆工具】或按快捷键【U】，如图 4-49 所示。单击【形状】下拉列表，如图 4-50 所示。绘制形状参考如图 4-51 所示。

▲ 图 4-48　拖出参考线

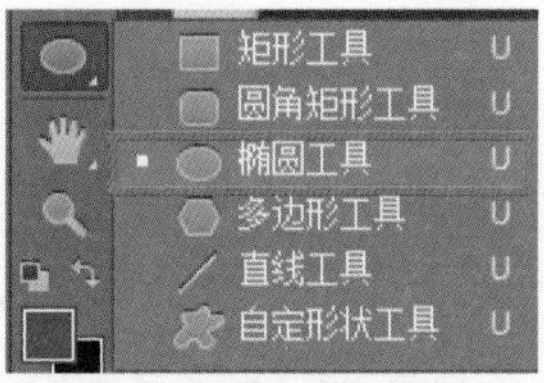

▲ 图 4-49　椭圆工具

▲ 图 4-50　选择形状

step 07　单击左侧工具栏中的【直接选择工具】或按快捷键【A】，如图 4-52 所示。选择个别描点作出修改，如图 4-53 所示。描点修改效果如图 4-54 所示。

step 08　单击左侧工具栏中的【椭圆工具】或按快捷键【U】，在"椭圆 1"图层中进行绘制，按住【Shift】键的同时用鼠标拖动描点后松开，此时两个椭圆需要在同一形状图层，若没有则选中形状图层并按【Ctrl+E】组合键合并形状图层。效果如图 4-55 所示。

step 09　单击左侧工具栏中的【矩形工具】或按快捷键【U】，如图 4-56 所示。单击【形状】下拉列表，如图 4-57 所示。在"椭圆 1"图层上进行绘制。绘制形状效果如图 4-58 所示。

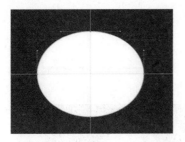

▲ 图 4-51　绘制形状

▲ 图 4-52　直接选择工具

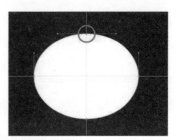

▲ 图 4-53　选择描点

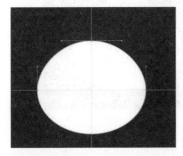

▲ 图 4-54　描点修改效果

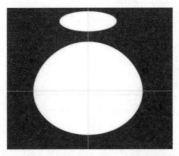

▲ 图 4-55　绘制两个椭圆

▲ 图 4-56　矩形工具

![工具选项栏]

▲ 图 4-57　选择形状

step 10　单击左侧工具栏中的【钢笔工具】用鼠标长按，在下拉菜单中选择【转换点工具】，如图 4-59 所示。用鼠标左键拖曳描点调整形状，如图 4-60 和图 4-61 所示。

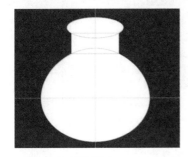

▲ 图 4-58　绘制瓶身

▲ 图 4-59　转换点工具

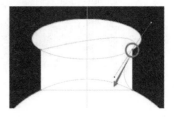

▲ 图 4-60　拖曳描点

step 11　瓶身底色绘制完毕，整体效果如图 4-62 所示。

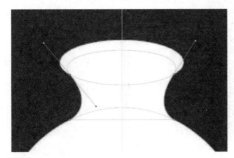

▲ 图 4-61　调整形状

▲ 图 4-62　瓶身底色整体效果

step 12　绘制瓶盖。单击左侧工具栏中的【填充工具】，进入【拾色器（前景色）】对话框，选取颜色参数为 #c38c2b，单击【确定】按钮，如图 4-63 所示。

step 13　单击左侧工具栏中的【椭圆工具】或按快捷键【U】，单击【形状】下拉列表，绘制瓶盖顶，如图 4-64 所示。

▲ 图 4-63　拾色器

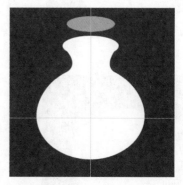

▲ 图 4-64　绘制瓶盖顶

step 14　单击【新建图层】按钮或按【Ctrl+Shift+N】组合键创建"图层 1"，并将它放置在"椭圆 2"图层的下面，如图 4-65 所示。

step 15　单击左侧工具栏中的【填充工具】，进入【拾色器（纯色）】对话框，选取颜色参数为 #f3a433，单击【确定】按钮，如图 4-66 所示。

▲ 图 4-65　新建图层

▲ 图 4-66　拾色器

step 16　单击左侧工具栏中的【钢笔工具】或按快捷键【P】，如图 4-67 所示。开始绘制瓶盖其余部分，如图 4-68 所示。

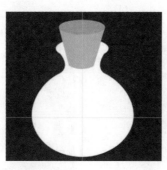

▲ 图 4-67　钢笔工具　　▲ 图 4-68　绘制瓶盖其余部分

step 17　双击"椭圆 2"图层，如图 4-69 所示，打开【图层样式】面板，添加【渐变叠加】效果，然后单击渐变色颜色框，如图 4-70 所示。在打开的【渐变编辑器】对话框中双击色标进入【拾色器】对话框，选取颜色参数分别为 #a94928、#f19c56，如图 4-71 所示。继续设置【渐变叠加】参数，混合模式为正常，不透明度为 100%，样式选择线性，勾选【与图层对齐】复选按钮，角度为 174 度，缩放为 100%，如图 4-72 所示，单击【确定】按钮。

▲ 图 4-69　双击图层

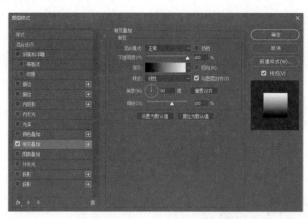

▲ 图 4-70　渐变叠加效果

▲ 图 4-71　渐变编辑器

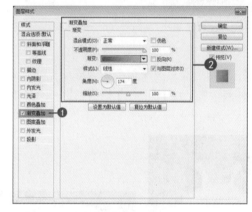

▲ 图 4-72　渐变叠加效果

step 18　继续添加【内阴影】效果，设置混合模式为正片叠底，不透明度为 75%，角度为 120 度，勾选【使用全局光】复选按钮，距离为 21 像素，阻塞为 0%，大小为 21 像素，如图 4-73 所示，单击【确定】按钮。

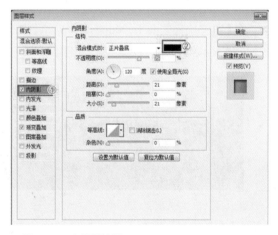

▲ 图 4-73　内阴影效果

step 19　再单击【混合模式】颜色框，进入【拾色器（内阴影颜色）】对话框，选取颜色参数为 #c75f29，如图 4-74 所示。

step 20　继续添加【内阴影】效果，设置混合模式为正常，不透明度为 75%，角度为 120 度，勾选【使用全局光】复选按钮，距离为 4 像素，阻塞为 0%，大小为 18 像素，如图 4-75 所示，单击【确定】按钮。现在，整体绘制效果如图 4-76 所示。

▲ 图 4-74　拾色器　　　　　　　　　　　　　　　▲ 图 4-75　内阴影效果

step 21　绘制瓶盖顶与瓶盖身的连接反光处。单击左侧工具栏中的【椭圆工具】，需在一个图层绘制两个圆，按【Ctrl+E】组合键进行合并形状图层，如图 4-77 所示。单击选择上方的圆，如图 4-78 所示。

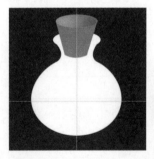 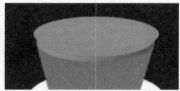 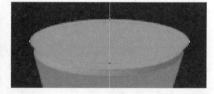

▲ 图 4-76　整体绘制效果　　▲ 图 4-77　绘制两个圆　　　▲ 图 4-78　选择上方的圆

step 22　单击左侧工具栏中的【路径选择工具】，如图 4-79 所示。再单击【路径操作】按钮，选择【减去顶层形状】命令，如图 4-80 所示。得到效果如图 4-81 所示。

▲ 图 4-79　路径选择工具　　▲ 图 4-80　减去顶层形状

step 23　双击"椭圆 4"图层前面的方框形图标，如图 4-82 所示。再双击色标进入【拾色器】

对话框，选取颜色参数为 #ffffff，填充颜色，如图 4-83 所示。

▲ 图 4-81　减去顶层形状效果　　　　　　　　　　▲ 图 4-82　双击图层

step 24　调整"椭圆 4"瓶盖反光处图层的位置，使调整后的效果如图 4-84 所示。

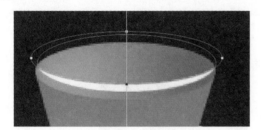

▲ 图 4-83　填充颜色　　　　　　　　　　　　　　▲ 图 4-84　调整图层位置

step 25　选择"椭圆 4"图层，单击下方的【添加图层蒙版】按钮，如图 4-85 所示。

step 26　单击左侧工具栏中的【渐变工具】或按快捷键【G】，再单击渐变色颜色框，进入【渐变编辑器】对话框，选取颜色参数分别为 #ffffff、#000000，然后单击【确定】按钮，如图 4-86 所示。

step 27　在【图层】面板中，单击"椭圆 4"的蒙版，如图 4-87 所示。单击左侧工具栏中的【渐变工具】，然后单击【径向渐变】按钮，如图 4-88 所示。拖动鼠标拉出渐变，如图 4-89 所示。

▲ 图 4-85　添加图层蒙版　　　　▲ 图 4-86　渐变编辑器　　　　▲ 图 4-87　选择蒙版

▲ 图 4-88　径向渐变

step 28　瓶塞底色绘制完毕，整体效果如图 4-90 所示。可以通过反复调整细节使之更加美观。

▲ 图 4-89　拉出渐变效果

▲ 图 4-90　瓶塞底色整体效果

step 29　绘制瓶塞上的凹点。单击左侧工具栏中的【椭圆工具】，如图 4-91 所示。开始绘制凹点，如图 4-92 所示。

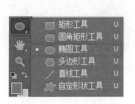

▲ 图 4-91　椭圆工具

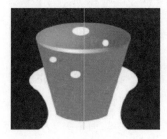

▲ 图 4-92　绘制凹点

step 30　按住【Ctrl】键的同时单击选择全部绘制的凹点图层，按【Ctrl+E】组合键进行合并形状图层，如图 4-93 所示。

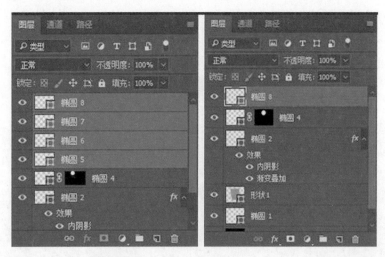

▲ 图 4-93　合并形状图层

step 31　双击合并后的凹点图层，进入【图层样式】面板，添加【颜色叠加】效果，设置混合模式为正常，再单击【混合模式】颜色框，进入【拾色器】对话框，选取颜色参数为

#6d3a1d，不透明度设置为 100%，如图 4-94 所示。

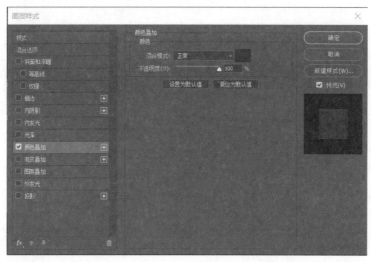

▲ 图 4-94　颜色叠加效果

step 32　继续添加【投影】效果，设置混合模式为正常，选取颜色参数为 #a99b79，不透明度为 59%，角度为 120 度，勾选【使用全局光】复选按钮，距离为 1 像素，扩展为 0%，大小为 0 像素，单击【确定】按钮，如图 4-95 所示。

step 33　继续添加【内阴影】效果，设置混合模式为正常，选取颜色参数为 #4a1e12，不透明度为 23%，【角度】为 119 度，勾选【使用全局光】复选按钮，距离为 5 像素，阻塞为 0%，大小为 2 像素，如图 4-96 所示，最后单击【确定】按钮。

此时整体绘制效果如图 4-97 所示。

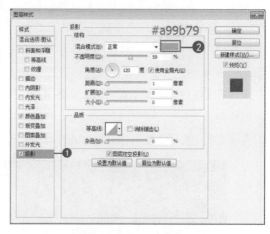

▲ 图 4-95　投影效果

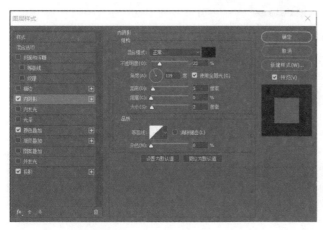

▲ 图 4-96　内阴影效果

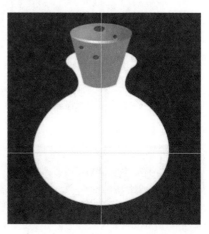

▲ 图 4-97　整体绘制效果

step 34　选择绘制的凹点图层，单击【添加图层蒙版】按钮，如图 4-98 所示。再单击左侧工具栏中的【渐变工具】，绘制效果如图 4-99 所示，凹点绘制完毕。

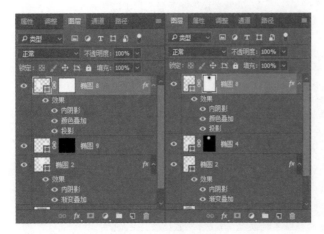

▲ 图 4-98　添加图层蒙版

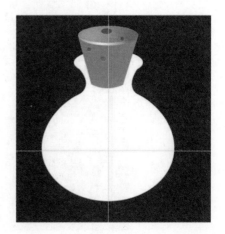

▲ 图 4-99　渐变工具

step 35　绘制瓶塞在瓶内的阴影。单击【新建图层】按钮或按【Ctrl+Shift+N】组合键创建"图层 1"，并将其放置在"形状 1"图层之上，如图 4-100 所示。按【Ctrl+Alt+G】组合键创建剪切蒙版。

step 36　单击左侧工具栏中的【渐变工具】或按快捷键【G】，如图 4-101 所示。在上方菜单栏下选择【线性渐变】下拉列表，如图 4-102 所示。单击【渐变编辑器】按钮，在【渐变编辑器】对话框中设置左边的色标颜色参数为 #5d3011，位置为 0%，如图 4-103 所示；右边色标的不透明度设置为 0%，位置为 100%，如图 4-104 所示。

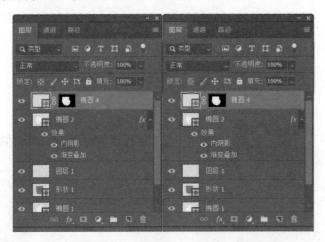

▲ 图 4-100　新建图层

▲ 图 4-101　渐变工具

▲ 图 4-102　线性渐变

▲ 图 4-103　渐变编辑器

▲ 图 4-104　渐变编辑器

step 37　使用【渐变工具】在"图层1"中绘制出如图 4-105 所示效果。继续使用【渐变工具】绘制出如图 4-106 效果。

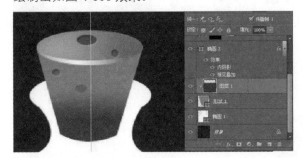

▲ 图 4-105　绘制效果

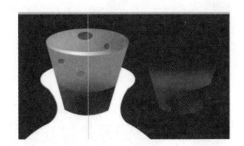

▲ 图 4-106　绘制效果

step 38　单击【新建图层】按钮创建"图层2"，并将其拖至"图层1"上方，按【Ctrl+Alt+G】组合键创建剪切蒙版，如图 4-107 所示。

step 39　单击左侧工具栏中的【钢笔工具】或按快捷键【P】，如图 4-108 所示。在菜单栏下选择【路径】下拉列表，如图 4-109 所示。绘制效果如图 4-110 所示。

▲ 图 4-107　新建图层

▲ 图 4-108　钢笔工具

▲ 图 4-109　路径

step 40　按【Ctrl+Enter】组合键建立选区，再按【Shift+F6】组合键进行羽化，设置羽化半径为 1 像素，单击【确定】按钮，如图 4-111 所示。

step 41　单击左侧工具栏中的【画笔工具】进行涂抹，设置上下颜色参数分别为 #7c340a、#3a180d，为方便观察可隐藏反光条图层，效果如图 4-112 所示。

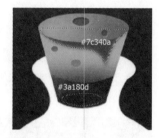

▲ 图 4-110　绘制效果　　　　▲ 图 4-111　羽化选区　　　　▲ 图 4-112　用画笔工具涂抹

step 42　单击【添加图层蒙版】按钮，设置为蒙版，绘制蒙版图形，单击左侧工具栏中的【渐变工具】，如图 4-113 所示。绘制瓶口，效果如图 4-114 所示。

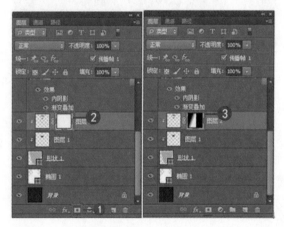

▲ 图 4-113　添加图层蒙版　　　　　　　▲ 图 4-114　瓶口绘制效果

step 43　绘制瓶口高光。单击"椭圆 1"图层，设置不透明度为 10%，如图 4-115 所示。

step 44　双击"椭圆 1"图层，如图 4-116 所示。进入【图层样式】面板，添加【描边】效果，设置大小为 7 像素，位置选择内部，混合模式为正常，不透明度为 100%，填充类型选择渐变，颜色参数分别为 #ffffff、#d80b0b，勾选【与图层对齐】复选按钮，角度为 21 度，缩放为 100%，如图 4-117 所示，单击【确定】按钮。

step 45　继续添加【混合选项：自定】效果，设置常规混合中的混合模式为正常，不透明度为 10%，设置高级混合中的填充不透明度为 27%，如图 4-118 所示。

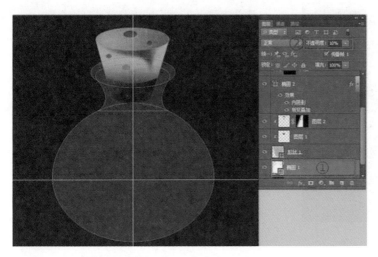

▲ 图 4-115 调整不透明度

▲ 图 4-116 双击图层

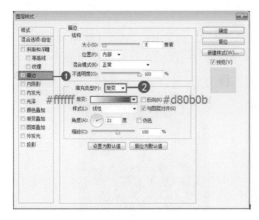

#ffffff   #d80b0b

▲ 图 4-117 描边效果

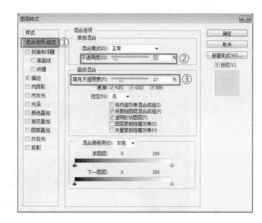

▲ 图 4-118 混合选项：自定效果

step 46 绘制瓶口反光。单击【新建图层】按钮创建"图层 3"， 如图 4-119 所示。

step 47 单击左侧工具栏中的【画笔工具】或者按快捷键【B】，在"图层 3"中绘制瓶口和瓶身的反光效果，如图 4-120 和图 4-121 所示。瓶子反光绘制完毕，整体效果如图 4-122 所示。

▲ 图 4-119 新建图层

▲ 图 4-120 绘制瓶口反光效果

▲ 图 4-121　绘制瓶身反光效果

▲ 图 4-122　瓶子反光整体效果

step 48　绘制瓶内液体。选择"椭圆 1"图层，单击左侧工具栏中的【椭圆工具】进行绘制，绘制效果如图 4-123 所示。

step 49　双击"椭圆 9"图层（即瓶内容积图层），如图 4-124 所示。进入【图层样式】面板，添加【渐变叠加】效果，设置混合模式为正常，不透明度为 100%，样式选择线性，勾选【与图层对齐】复选按钮，角度为 90 度，缩放为 100%，如图 4-125 所示。

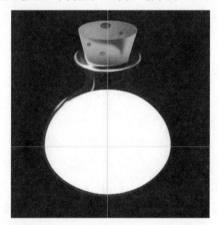

▲ 图 4-123　绘制瓶内液体

▲ 图 4-124　图层面板

step 50　单击【渐变】下拉框，进入【渐变编辑器】对话框，双击色标进入【拾色器】对话框，选取颜色参数分别为 #b50707、54100c、#a50505，如图 4-126 所示，单击【确定】按钮。

step 51　继续添加【内发光】效果，设置混合模式为滤色，不透明度为 75%，杂色为 0%，颜色参数为 #dc3232，方法选择柔和，源选择边缘，阻塞为 0%，大小为 32 像素，如图 4-127 所示，单击【确定】按钮。

step 52　继续添加【描边】效果，设置大小为 9 像素，位置选择外部，混合模式为正常，不透明度为 100%，填充类型选择渐变，勾选【与图层对齐】复选按钮，角度为 90 度，缩放为 100%，如图 4-128 所示，单击【确定】按钮。

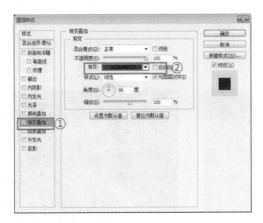

▲ 图 4-125　渐变叠加效果

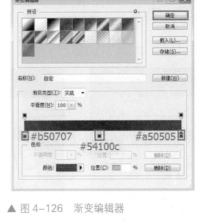

▲ 图 4-126　渐变编辑器

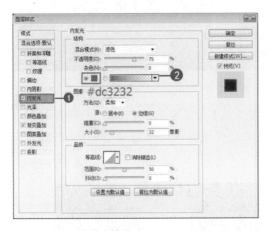

▲ 图 4-127　内发光效果

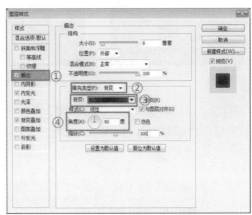

▲ 图 4-128　描边效果

step 53　　单击【渐变】下拉框，进入【渐变编辑器】对话框，双击色标进入【拾色器】对话框，选取颜色参数分别为 #a90805、#5b0202、#bf0b07，如图 4-129 所示，进行渐变填充，效果如图 4-130 所示。

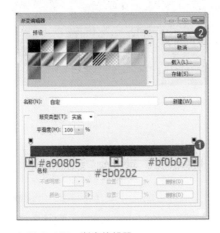

▲ 图 4-129　渐变编辑器

▲ 图 4-130　填充效果

step 54   绘制瓶内的容积底部阴影。单击【新建图层】按钮创建"图层 4"，如图 4-131 所示。
按【Alt】键的同时单击"椭圆 9"图层前面的方框形图标，选择选区，如图 4-132 所示。效果
如图 4-133 所示。

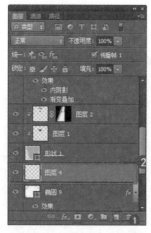

▲ 图 4-131　新建图层

▲ 图 4-132　选择选区

▲ 图 4-133　选择选区

step 55   出现蚂蚁线后，单击左侧工具栏中的【渐变工具】，在菜单栏下选择【径向渐变】，
进入【渐变编辑器】对话框，设置颜色参数为 #2f0303，位置为 0%，如图 4-134 所示。填充效
果如图 4-135 所示。

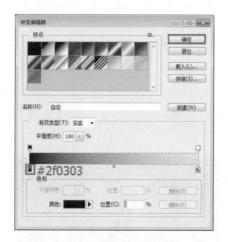

▲ 图 4-134　渐变编辑器

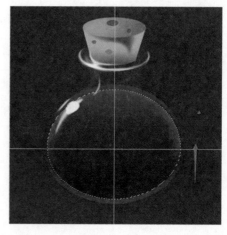

▲ 图 4-135　填充效果

step 56   绘制液体高光效果。单击【新建图层】按钮创建"图层 5"，如图 4-136 所示。

step 57   单击左侧工具栏中的【画笔工具】，设置颜色参数分别为 #f76338、#d8251f，绘制效
果如图 4-137 所示。

step 58   绘制液体底部的反光效果。单击左侧工具栏中的【椭圆工具】，在一个形状图层内
绘制出两个圆。使用【路径选择工具】选择上方的圆，如图 4-138 所示，选择【路径操作】→【减
去顶层形状】命令，得到效果如图 4-139 所示。

▲ 图 4-136 新建图层

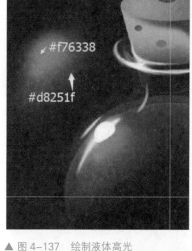

▲ 图 4-137 绘制液体高光

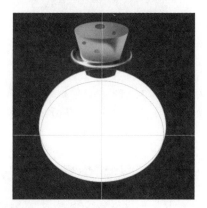

▲ 图 4-138 路径选择

▲ 图 4-139 减去顶层形状

step 59　双击"椭圆 9 副本 2"图层（即底部反光层），如图 4-140 所示。进入【图层样式】面板，添加【渐变叠加】效果，设置混合模式为正常，不透明度为 100%，样式选择线性，勾选【与图层对齐】复选按钮，角度为 90 度，缩放为 100%，如图 4-141 所示，单击【确定】按钮。

▲ 图 4-140 图层面板

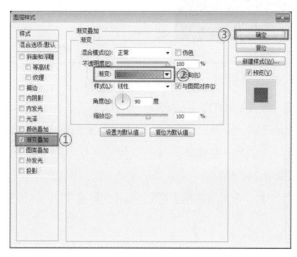

▲ 图 4-141 渐变叠加效果

step 60 单击【渐变】下拉框，进入【渐变编辑器】对话框，双击色标进入【拾色器】对话框，选取颜色参数为 #d93f18，位置为 1%，如图 4-142 所示。

step 61 单击【新建图层】按钮创建图层，如图 4-143 所示，按住【Ctrl】键的同时单击"椭圆 1"图层（即瓶身图层）选择选区。

▲ 图 4-142　渐变编辑器

▲ 图 4-143　新建图层

step 62 单击左侧工具栏中的【填充工具】，进入【拾色器（前景色）】，选取颜色参数为 #701912，单击【确定】按钮，如图 4-144 所示。选中新建图层，使用【渐变工具】绘制出如图 4-145 所示效果。

▲ 图 4-144　拾色器

▲ 图 4-145　绘制效果

step 63 按【Ctrl+D】组合键取消当前选区，按住【Ctrl】键的同时单击"椭圆 9"图层（即瓶内液体图层）选择选区，按【Delete】键删除选区，如图 4-146 所示。

step 64 最后加一些装饰。单击左侧工具栏中的【画笔工具】或按快捷键【B】，画出小光点，效果如图 4-147 所示。

step 65 单击【新建图层】按钮创建"图层 7"，将图层模式改为叠加，如图 4-148 所示。

▲ 图 4-146　删除选区

▲ 图 4-147　画出小光点

▲ 图 4-148　图层叠加模式

step 66　单击左侧工具栏中的【填充工具】，进入【拾色器（前景色）】对话框，选取颜色参数为 #fae005，单击【确定】按钮，如图 4-149 所示。

step 67　单击左侧工具栏中的【渐变工具】，选择【前景色到透明渐变】效果，设置第一个色标颜色参数为 #fae005，位置为 0%，如图 4-150 所示。

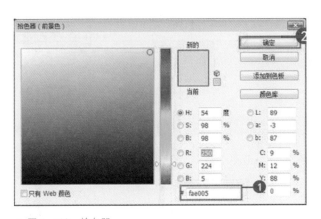

▲ 图 4-149　拾色器

▲ 图 4-150　渐变编辑器

step 68　拖动色标改变数值，调整不透明度以达到不同效果，如图 4-151 所示。效果如图 4-152 所示。绘制完成，最终效果如图 4-153 所示。

▲ 图 4-151　调整不透明度

▲ 图 4-152　调整不透明度效果

▲ 图 4-153　最终效果图

徽章图标设计案例

4.3.1　扁平化风格游戏徽章图标设计案例

设计构思

本小节案例是制作扁平化风格的游戏徽章图标。将画面调整成金黄色的色调，使徽章有种闪闪发光的感觉。

设计规格

尺寸规格：209×210 像素。

使用工具：椭圆工具、钢笔工具、套索工具、渐变工具。

设计色彩分析

用金黄色作为徽章的主色调，使佩戴徽章的人有种高贵的气质。

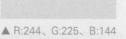
▲ R:244、G:225、B:144

▲ R:244、G:205、B:93

▲ R:243、G:187、B:50

▲ 效果展示

具体操作步骤如下：

step 01　打开 Photoshop CS6，新建一个宽为 209 像素、高为 210 像素、分辨率为 300 像素 / 英寸的空白文档，如图 4-154 所示。

step 02　利用【椭圆工具】绘制一个图形，按住【Shift】键拖曳出一个圆形，如图 4-155 所示，填充颜色为 #f3cd4b，如图 4-156 所示。效果如图 4-157 所示。

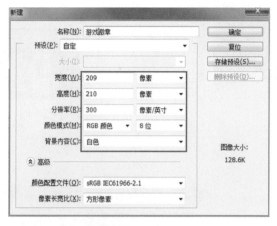

▲ 图 4-154　新建空白文档

▲ 图 4-155　选择椭圆工具

▲ 图 4-156　拾色器

▲ 图 4-157　绘制圆形

step 03　复制绘制的圆形，按【Ctrl+T】组合键更改至图 4-158 所示的大小，颜色填充为 #d68217，如图 4-159 所示。

▲ 图 4-158　复制效果图

▲ 图 4-159　拾色器

step 04　　重复步骤 3，再复制一个圆形并进行缩小，参考图 4-160 所示的大小，颜色填充为 #f4e190，如图 4-161 所示。图层状态如图 4-162 所示。

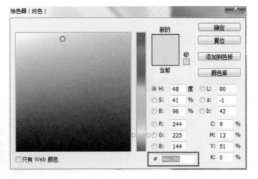
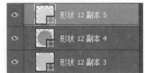

▲ 图 4-160　复制圆形　　　▲ 图 4-161　拾色器　　　▲ 图 4-162　图层状态栏

step 05　　利用【钢笔工具】绘制图形，如图 4-163 所示，效果如图 4-164 所示，填充颜色为 #d68217，如图 4-165 所示。

▲ 图 4-163　钢笔工具　　　▲ 图 4-164　绘制图形　　　▲ 图 4-165　拾色器

step 06　　使用相同方法复制图形，如图 4-166 所示，改变颜色为 #f3cd4b，如图 4-167 所示，改变位置（利用方向键移动微调）。此时图层状态栏如图 4-168 所示。

▲ 图 4-166　复制图形　　　▲ 图 4-167　拾色器　　　▲ 图 4-168　图层状态栏

step 07　新建一个图层，利用【矩形选框工具】，如图 4-169 所示，填充颜色为 #f4cd5d，如图 4-170 所示。创建出如图 4-171 所示的选区。

▲ 图 4-169　矩形选区工具　　　　▲ 图 4-170　拾色器

step 08　按住【Ctrl】键的同时单击【图层】面板底层"形状 12 副本 3"图层的预览框，选中该图层选区后，利用【矩形选框工具】选择刚刚新建的图层，如图 4-172 所示，单击【图层】面板下方的【新建图层】按钮，创建出阴影效果，如图 4-173 所示。

step 09　游戏徽章图标制作完成，最终效果如图 4-174 所示。

▲ 图 4-171　创建选区

▲ 图 4-172　图层面板

▲ 图 4-173　阴影效果

▲ 图 4-174　最终效果图

4.3.2　Q版风格游戏徽章图标设计案例

设计构思

本小节案例是使用 Photoshop 软件制作 Q 版风格游戏徽章图标。游戏徽章图标设计可应用于周边商品，达到宣传游戏主题、促进商品收益的目的。

设计规格

尺寸规格：500×500 像素。

使用工具：矩形工具、椭圆工具、钢笔工具、自定义形状工具、横排文字工具。

设计色彩分析

将画面调整为绿色，表现出小怪物调皮可爱、乐观向上的性格。

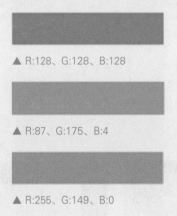

▲ R:128、G:128、B:128

▲ R:87、G:175、B:4

▲ R:255、G:149、B:0

▲ 效果展示

基本操作步骤如下：

step 01　在 Photoshop CS6 中新建一个宽为 500 像素、高为 500 像素、分辨率为 300 像素 / 英寸的空白文档，如图 4-175 所示。

▲ 图 4-175　新建空白文档

step 02　新建一个图层，使用【椭圆工具】并按【Shift+Alt】组合键绘制出一个正圆形，填充颜色 #ff0000，如图 4-176 所示。绘制正圆形如图 4-177 所示。

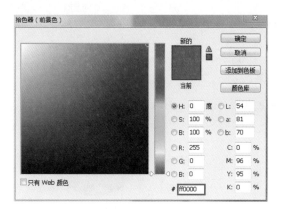

▲ 图 4-176　拾色器　　　　　　　　　　▲ 图 4-177　绘制正圆形

step 03　为制造出徽章立体的效果，要为其添加图层样式。添加【投影】效果，设置混合模式为正片叠底，角度为 120 度，如图 4-178 所示；【内阴影】效果的不透明度为 33%，角度为 -132度，如图 4-179 所示；【内发光】效果的不透明度为 42%，大小为 20 像素，如图 4-180 所示；【光泽】效果的不透明度为 33%，角度为 19 度，如图 4-181 所示；【渐变叠加】效果的混合模式为叠加，不透明度为 30%，如图 4-182 所示。添加图层样式后效果如图 4-183 所示。

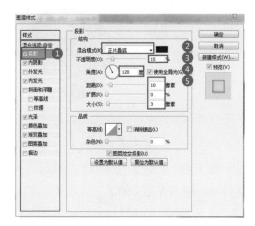

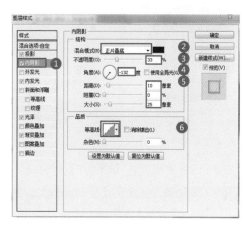

▲ 图 4-178　投影效果　　　　　　　　　▲ 图 4-179　内阴影效果

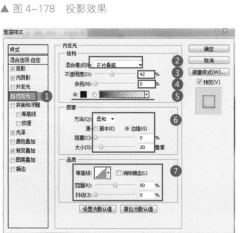

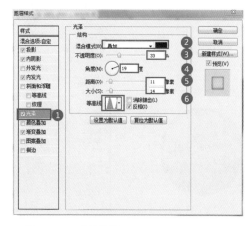

▲ 图 4-180　内发光效果　　　　　　　　▲ 图 4-181　光泽效果

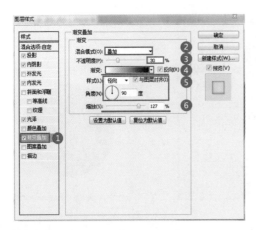

▲ 图 4-182 渐变叠加效果　　　　　　　　▲ 图 4-183 添加图层样式后效果

step 04　使用【椭圆选框工具】绘制椭圆形用作高光，如图 4-184 所示。填充径向渐变效果，颜色由白至透明，如图 4-185 所示。注意调整角度使高光显得亮而透，调整好大小后居中，如图 4-186 所示。

▲ 图 4-184 绘制椭圆形高光　▲ 图 4-185 渐变设置　　　　　　▲ 图 4-186 高光效果图

step 05　选择高光并按【Ctrl+T】组合键，旋转高光位置至右上角，如图 4-187 所示。

step 06　复制高光并使用【移动工具】旋转移动至左下角，使用【橡皮擦】工具使其过渡自然。添加图层样式【投影】效果增加高光的立体感，如图 4-188 所示。添加图层样式后效果如图 4-189 所示。

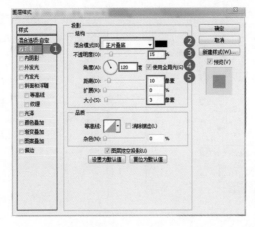

▲ 图 4-187 旋转高光位置　　▲ 图 4-188 投影效果　　　　　　▲ 图 4-189 添加图层样式后效果

step 07 将圆形图层的填充选项调至 0%，即可去除颜色存留，效果如图 4-190 所示。

step 08 新建一个图层绘制怪物，使用【圆角矩形工具】，绘制一个半径为 100 像素的圆角矩形，颜色为 #88c63f，作为小绿怪的身体，如图 4-191 所示。

▲ 图 4-190　去除颜色保留　　　　▲ 图 4-191　绘制圆角矩形

step 09 使用【矩形选区工具】框选小绿怪的下半身，如图 4-192 所示，然后按【Delete】键删去多余部分，删去下半身后效果如图 4-193 所示。

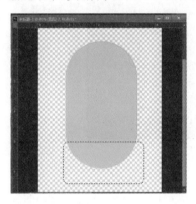

▲ 图 4-192　删去多余部分　　　　▲ 图 4-193　删去下半身后效果

step 10 用【钢笔工具】绘制小绿怪的角，淡色为 #e3e5cb，阴影为 #c1c094，如图 4-194 所示。完成后复制，按【Ctrl+T】组合键水平翻转即可，复制效果如图 4-195 所示。

▲ 图 4-194　绘制小绿怪的角　　　　▲ 图 4-195　复制到另一边

step 11 使用【椭圆工具】和颜色 #fbfbf2 绘制小绿怪的眼白，如图 4-196 所示。在眼白上继续绘制黑眼球，颜色为 #352020，效果如图 4-197 所示。

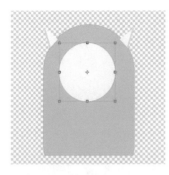

▲ 图 4-196　绘制眼白　　　　　▲ 图 4-197　绘制黑眼球

step 12　按住【Ctrl】的同时单击图层出现黑眼球选区，选择圆形选区并选择【与选区交叉】模式，如图 4-198 所示。与黑眼球选区交叉，填充颜色 #562e2e，如图 4-199 所示。交叉填充效果如图 4-200 所示。

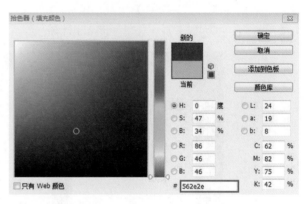

▲ 图 4-198　与选区交叉模式　　　　▲ 图 4-199　拾色器

step 13　使用【椭圆工具】和填充颜色 #ffffff 描绘高光，效果如图 4-201 所示。

step 14　使用【钢笔工具】描绘小绿怪嘴部，再使用【矩形工具】绘制牙齿，填充口腔颜色为 #562e2e，填充牙齿颜色为 #ffffff，效果如图 4-202 所示。

▲ 图 4-200　交叉填充效果　　　▲ 图 4-201　描绘高光　　　▲ 图 4-202　绘制嘴部

step 15　使用【椭圆工具】和填充颜色 #519402 描绘斑点，如图 4-203 所示。并使用【钢笔工具】描绘出小绿怪的脚。小绿怪绘制完成！效果如图 4-204 所示。

▲ 图 4-203 描绘斑点

▲ 图 4-204 小绿怪完成效果

step 16 按【Ctrl+T】组合键调出变换控件，旋转移动小绿怪，使小绿怪看起来像是从一角冒出来的，如图 4-205 所示。

step 17 填充背景色 #ffb400，如图 4-206 所示。填充效果如图 4-207 所示。

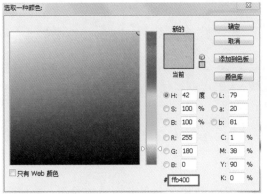

▲ 图 4-205 旋转移动小绿怪 ▲ 图 4-206 填充背景色　　　　　　　　▲ 图 4-207 填充效果

step 18 选择【自定义形状工具】中的爱心形状，并填充 #e20000 颜色，如图 4-208 所示。旋转移动放置于小绿怪的头顶，效果如图 4-209 所示。

step 19 将完成的背景图置于底层，按住【Crtl】键的同时单击徽章圆形图层【显示选区】按钮，右击选择【选择反向】命令，建立选区如图 4-210 所示，按【Delete】键删除多余部分，徽章图标制作完成。处理好后，选择【文件】→【另存为】命令，将文件保存为 .jpg 格式的图片文件。

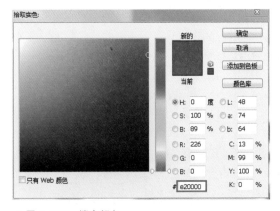

▲ 图 4-208 填充颜色　　　　　　▲ 图 4-209 爱心形状效果　▲ 图 4-210 建立选区

4.3.3 欧美风格游戏徽章图标设计案例

设计构思

游戏界面设计中经常要制作各式各样的游戏徽章图标，其中荣誉徽章、等级徽章和成就徽章都较为常见。下面使用 Photoshop 绘制一款欧美风格游戏成就徽章图标的设计制作过程。

设计规格

尺寸规格：1000×920 像素。

使用工具：选区工具、钢笔工具、套索工具、渐变工具。

设计色彩分析

将画面调整为偏蓝色，使画面呈现出金属感。

▲ R:128、G:128、B:128

▲ R:39、G:80、B:104

▲ R:182、G:165、B:129

▲ 效果展示

step 01　首先在 Photoshop CS6 中创建一个宽度为 1000 像素、高度为 920 像素、分辨率为 300 像素 / 英寸的空白文档。按【Ctrl+U】组合键打开色彩平衡面板，将背景色设置为 −50 明度，这样能较好观察总体色调。为了方便细节绘制，我们一般将分辨率设置为 300 像素 / 英寸，如图 4-211 所示。

step 02　新建图层，利用【圆形选区】工具填充一个纯色圆，填充颜色为灰绿色，按【Ctrl+J】组合键复制图层，按【Ctrl+T】组合键自由变换时，按住【Shift+Alt】组合键使圆形使沿圆心缩小，以小圆为选区删去大圆图层的中间部分，再框选圆环的两个对称的矩形选区，删除中间间隙，需要注意边缘的规整性。绘制的圆环效果如图 4-212 所示。

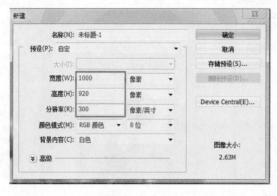

▲ 图 4-211　新建空白文档

▲ 图 4-212　绘制圆环效果

step 03 接下来为圆环添加图层样式中的【斜面和浮雕】效果，设置样式为内斜面，深度为 100%，大小为 18 像素，软化为 0 像素，角度为 90 度，高度为 0 度，如图 4-213 所示。效果如图 4-214 所示。

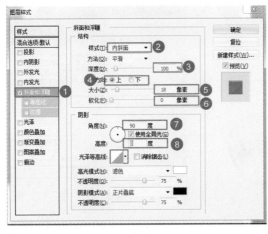

▲ 图 4-213 斜面和浮雕效果 ▲ 图 4-214 添加图层样式后效果

step 04 找出事先画好的金属圆环黑白稿素材，选择【叠加】模式叠加到圆环上，如图 4-215 所示。

step 05 找一张金属纹理贴图素材，适当调整其色相 / 饱和度，勾选【着色】复选按钮，设置色相为 196，饱和度为 12，如图 4-216 所示。再次进行图层叠加，并调小其不透明度至 48%，如图 4-217 所示，调整不透明度后效果如图 4-218 所示。对"图层 120 副本 2"进行叠加，效果如图 4-220 所示。

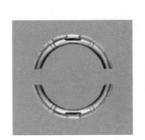

▲ 图 4-215 叠加效果 ▲ 图 4-216 调整色相 / 饱和度 ▲ 图 4-217 调整不透明度

▲ 图 4-218 不透明度效果 ▲ 图 4-219 选择叠加模式 ▲ 图 4-220 多次叠加后效果

step 06　找一张带有螺丝纹理的素材，如图 4-221 所示。按【Ctrl+T】组合键进行扭曲，使其弯曲变形，适当调整其色相 / 饱和度，勾择【着色】复选按钮，设置色相为 196，饱和度为 25，如图 4-222 所示。

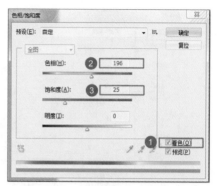

▲ 图 4-221　螺丝纹理素材　　　　　　　　　▲ 图 4-222　调整色相 / 饱和度

step 07　按【Ctrl+J】组合键再复制一个螺丝图形，放置在如图 4-223 所示位置。

step 08　用步骤 2 同样的方法，新建图层，绘制出如图 4-224 所示的图形。

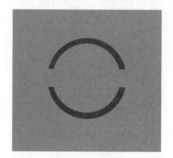

▲ 图 4-223　复制移动效果　　　　　　　　　▲ 图 4-224　绘制图形

step 09　为新绘制的图形添加图层样式【渐变叠加】效果，颜色深蓝至浅蓝，如图 4-225 所示。继续添加【描边】效果，设置位置为内部，大小为 2 像素，颜色为深蓝色，如图 4-226 所示。添加图层样式后效果如图 4-227 所示。

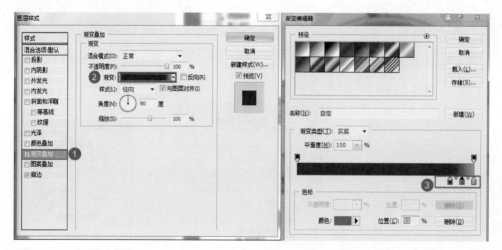

▲ 图 4-225　渐变叠加效果

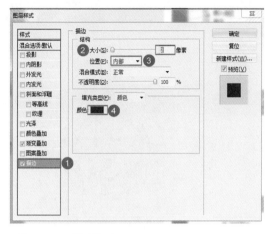

▲ 图 4-226　描边效果

▲ 图 4-227　添加图层样式后效果

step 10　将上述图形载入选区，如图 4-228 所示，用同样的金属纹理贴图再次进行叠加，如图 4-229 所示。叠加效果如图 4-230 所示。

▲ 图 4-228　载入选区

▲ 图 4-229　叠加模式

▲ 图 4-230　叠加效果

step 11　用【椭圆工具】绘制出一个纯色圆形，置于中间，如图 4-231 所示。

step 12　找一个钢板纹理贴图素材，选择【叠加】模式将纹理贴图叠加至圆上，效果如图 4-232 所示。

step 13　调整其图层样式，为其添加【内发光】效果，设置混合模式为滤色，不透明度为 42%，堵塞为 5%，大小为 92 像素，如图 4-233 所示；继续添加【描边】效果，设置大小为 1 像素，颜色为蓝色，如图 4-234 所示。添加图层样式后效果如图 4-235 所示。

▲ 图 4-231　绘制纯色圆形

▲ 图 4-232　叠加纹理贴图

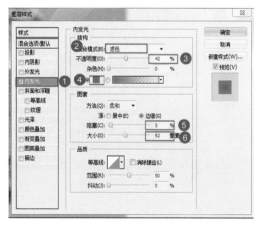

▲ 图 4-233　内发光效果

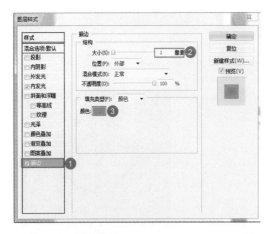

▲ 图 4-234　描边效果　　　　　　　　　　　　　▲ 图 4-235　添加图层样式后效果

step 14　找一张五角星的 PNG 格式素材图片，如图 4-236 所示，调整其图层样式，为其添加【渐变叠加】效果，设置混合模式为叠加，颜色为深棕色，使其带有做旧的金属感，如图 4-237 所示。按【Ctrl+T】组合键将五角星缩小并放置于如图 4-238 位置。

step 15　用【钢笔】工具绘制出如图 4-239 所示图形，并填充深棕色。

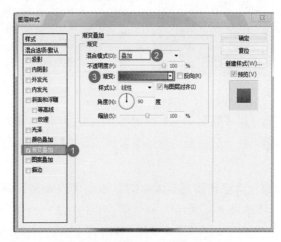

▲ 图 4-236　五角星图片　　　　　　　　　　　　▲ 图 4-237　渐变叠加效果

▲ 图 4-238　图层样式效果　　　　　　　　　　　▲ 图 4-239　绘制图形

step 16　接下来添加图层样式的效果：【描边】大小为 2 像素，渐变填充，如图 4-240 所示；【图案叠加】不透明度为 70%，缩放为 21%，如图 4-241 所示；【渐变叠加】混合模式为叠加，角

度为 99 度，如图 4-242 所示；【斜面和浮雕】设置方向向上的内斜面，深度为 100%，大小为
5 像素，角度为 120 度，如图 4-243 所示；【内发光】混合模式为滤色，不透明度为 24%，大
小为 2 像素，如图 4-244 所示；【外发光】混合模式为滤色，不透明度为 35%，扩展为 17%，
大小为 10 像素，如图 4-245 所示。

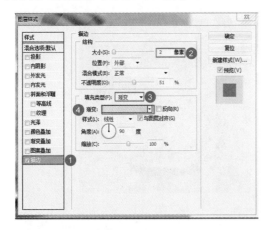

▲ 图 4-240　描边效果

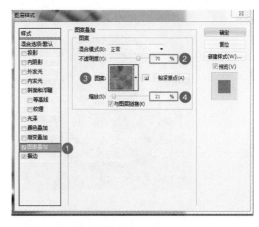

▲ 图 4-241　图案叠加效果

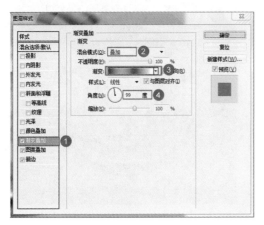

▲ 图 4-242　渐变叠加效果

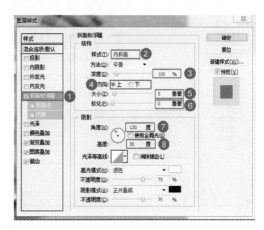

▲ 图 4-243　斜面和浮雕效果

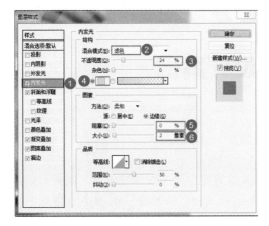

▲ 图 4-244　内发光效果

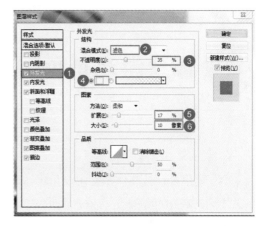

▲ 图 4-245　外发光效果

以上步骤完成后，获得效果如图 4-246 所示。

step 17　用【钢笔工具】路径描边方式绘制修饰边，如图 4-247 所示。添加图层样式【斜面和浮雕】效果，设置方向向下的内斜面，深度为 93%，大小为 5 像素，角度为 120 度，如图 4-248 所示，使徽章更显精细。最终效果如图 4-249 所示。

▲ 图 4-246　添加图层样式后效果

▲ 图 4-247　修饰边效果图

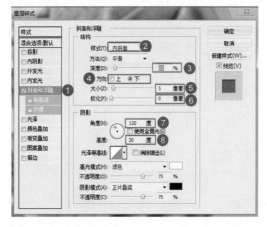

▲ 图 4-248　斜面和浮雕效果

▲ 图 4-249　最终效果图

 像素游戏角色图形设计案例

设计构思

　　本节案例是设计制作像素游戏角色。现在采用像素风格的游戏并不少见，像素游戏舍弃了华美的画面和绚丽的特效，而更注重自由度和游戏性。目前最火的像素游戏莫过于《Minecraft》（《我的世界》）。接下来就来学一学如何制作像素角色。

设计规格

尺寸规格：600×1000 像素。

使用工具：滤镜。

设计色彩分析

调整画面色调偏粉色，使人物看起来更可爱。

▲ R:12　G:6　B:7

▲ R:238　G:203　B:163

▲ R:239　G:133　B:125　　　　▲ 效果展示

1．使用 Photoshop 绘制像素画

（1）绘制环境：Adobe Photoshop CS6。使用 Photoshop CS6 绘制像素画在功能上有以下优势。

① 画布大小可随意设置，但是分辨率最好保持在 72 像素 / 英寸以上。

② 支持各类工具的快捷键以及便捷的复制、粘贴功能。

③ 网格、标尺、辅助线功能有利于正确定位。

④ 强大的图层功能。

⑤ 导航器功能，可在导航器视图保持 100% 大小预览，这对绘制像素画而言是很重要的。

⑥ 历史记录功能等。

（2）两种最基本的线条类型——直线和曲线。

正如组成汉字的点、横、竖、撇、捺等基本笔画一样，在像素画中也有规范的“笔画”，我们称之为基本线条。每种特定线条都是根据像素特有的属性排列而成的，并且被广泛运用于各类像素画的绘制中。很多人画像素画时总感觉边缘粗糙，主要是由于线条使用不当造成的。规范的线条所绘制出来的像素画画面细腻、结构清晰；而非规范的线条使用时像素点“并排”“重叠”现象严重，如图 4-250 所示。

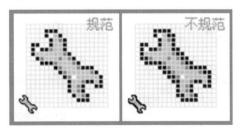

▲ 图 4-250　线条的使用

① 22.6°斜线。打开 Photoshop CS6，选择菜单栏中的【文件】→【新建】命令，宽度、高度随意设定，无须太大，设置分辨率为 72 像素 / 英寸，颜色模式为 RGB 模式，背景色为白色，单击【确定】按钮，如图 4-251 所示。选取【铅笔】工具（或按快捷键【B】）并选择大小为 1 像素的笔刷，22.6°斜线是每上升 1 像素，向一侧延伸 2 像素，这样就形成了 22.6°斜线，并且线看起来比较光滑。以 2 像素的方式斜向排列，分为双点横排、双点竖排两种排列方法，如图 4-252 所示。

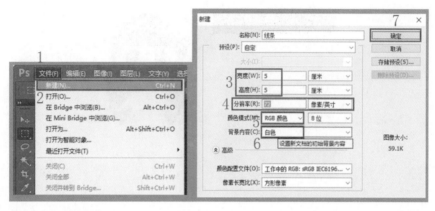

▲ 图 4-251　新建空白文档

② 45°斜线。选取【铅笔】工具（或按快捷键【B】）并选择大小为 1 像素的笔刷，以 1 像素的方式斜向排列就形成了 45°斜线，此类线条比较容易掌握，如图 4-253 所示。

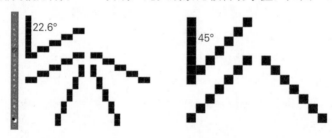

▲ 图 4-252　22.6°斜线　　　　　　▲ 图 4-253　45°斜线

③ 60°斜线。选取【铅笔】工具（或按快捷键【B】）并选择大小为 1 像素的笔刷，以 2 像素间隔 1 像素的方式斜向排列，当竖向排列时就形成了 60°斜线。此类线条使用较为灵活，经常与其他线条搭配使用，以便完成一些特殊的造型，如图 4-254 所示。

④ 90°直线。选取【铅笔】工具（或按快捷键【B】）并选择大小为 1 像素的笔刷，同时按住【Shift】键，拖动鼠标就可准确地绘制出直线来，如图 4-255 所示。

▲ 图 4-254　60°斜线　　　　　　▲ 图 4-255　90°直线

只要以下这种规则结构的线都可以，如图 4-256 所示。

▲ 图 4-256　各种规则结构的线

直线虽然简单，但使用像素画图，即使是直线也可能会出问题。画线时应极力避免出现"锯齿"，即一条线上断裂的部分，它让线条看起来不平滑。当线上某一处的像素不协调，就会出现锯齿，如图 4-257 所示。

⑤ 曲线（弧线）。根据弧度大小的不同，弧线有很多种画法。选取【铅笔】工具（或按快捷键【B】）并选择大小为 1 像素的笔刷，分别以像素 3-2-1-2-3、4-2-2-4、5-1-1-5 的弧型排列，其排列具有一定的规律性及对称性。确保曲率在下降或上升时保持一致，会使曲线更平滑。按 6-3-2-1 的规律排布表现为平滑的曲线，按 3-1-3 的规律排布的曲线则产生了锯齿，如图 4-258 所示。

▲ 图 4-257　锯齿　　　　　　▲ 图 4-258　曲线（弧线）

（3）自定义像素笔刷。将常用的线条笔画定义成笔刷，可以大大提高工作效率。自定义笔刷具体步骤如下：

step 01　打开 Photoshop CS6，选择菜单栏中的【文件】→【新建】命令，设置宽度为 400 像素，高度为 400 像素，分辨率设置为 72 像素 / 英寸，颜色模式为 RGB 模式，背景色为白色。

step 02　选取【铅笔】工具（或按快捷键【B】）并选择大小为 1 像素的笔刷，绘制线条。

step 03　绘制完一个线条后，选择菜单栏中【编辑】→【定义画笔预设】命令，这时画面上绘制的线条就被定义成一个新的笔刷，【画笔】控制面板中也会出现该笔刷。

step 04　制作完所有笔刷后，可以把原有的笔刷逐个清除掉，然后单击【画笔】控制面板上的圆形小三角，选择【存储画笔】命令，这样一个专属像素画 ABR 格式的笔刷文档就完成了。

2．图片转换像素风格

（1）方法一：Photoshop 转换像素风格。

step 01　在 Adobe Illustrator CS6 中，设计出一个游戏角色，过程如图 4-259 所示。将最后的色稿图设计稿导出为 PNG 格式。

step 02　打开 Photoshop CS6，选择菜单栏中【文件】→【打开】命令，打开 PNG 设计稿图片。

step 03　选择菜单栏中【滤镜】→【像素化】→【马赛克】命令，将 PNG 图片转换为像素画，如图 4-260 所示。

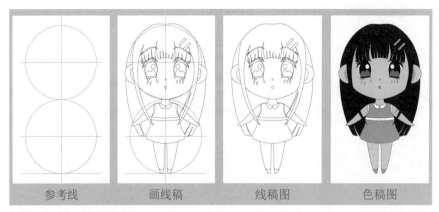

▲ 图 4-259　游戏角色设计过程

step 04　转换后效果如图 4-261 所示，但是这种做法的劣势在于不便于精细调整。

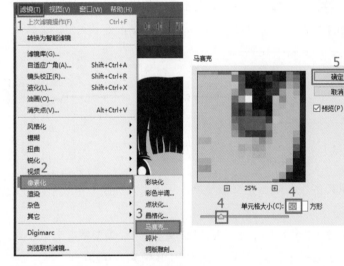

▲ 图 4-260　Photoshop 转换像素风格

▲ 图 4-261　转换后效果图

（2）方法二：AI 转换像素风格。

使用工具：Adobe Illustrator CS6，以下简称 AI CS6。

传统的像素画创作过程异常耗时，可能画好一幅看似简单的像素画要耗时十数小时，需要创作者一直保持创作热情。AI CS6 中有一个小技巧，可以利用马赛克效果迅速打造像素画，且相比 Photoshop 来说，在 AI CS6 中进行精细调整更加方便。

step 01　打开 AI CS6，选择菜单栏中【文件】→【新建】命令新建画板，宽度为 600 像素，高度为 1000 像素，取向选择竖向，颜色模式设置为 RGB，栅格效果设置为 72ppi，单击【确定】按钮，进入画板，如图 4-262 所示。

step 02　在菜单栏中选择【文件】→【置入】命令，置入设计稿图片文件，单击当前【置入】选项的属性栏中的【嵌入】按钮，嵌入图片至画板中，如图 4-263 所示。

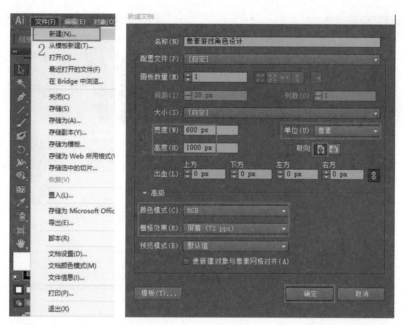

▲ 图 4-262　新建画板

▲ 图 4-263　置入设计稿图片文件并嵌入图片至画板

step 03　在菜单栏中选择【对象】→【创建对象马赛克】命令。拼贴间距宽度和高度均设置为 20px，以保证每个像素点均为正方形。拼贴数量越高，画面像素点越多，精细度也就越高。拼贴间距、拼贴数量及当前大小的关系为"拼贴间距 × 拼贴数量 = 当前大小"，例如，20px（拼贴间距宽度）×30（拼贴数量）=600px（当前大小宽度）。勾选【删除栅格】复选按钮，单击【确定】按钮创建对象马赛克。在画板中单击鼠标右键，在弹出的快捷菜单中选择【取消编组】命令，可重复操作，直到能单独选取每个像素块，如图 4-264 所示。

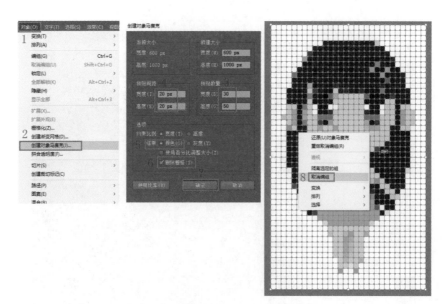

▲ 图 4-264 创建对象马赛克后取消编组

step 04 从背景中选一小块白色区域，选择菜单栏中【选择】→【相同】→【填充颜色】命令。这时会发现连同眼睛里、衣服上的白色区域也一起被选中了。按住【Shift】键分别单击眼睛里、衣服上的白色像素块，于是剩下背景中的白色块，然后按【Delete】键全部删除掉，如图 4-265 所示。

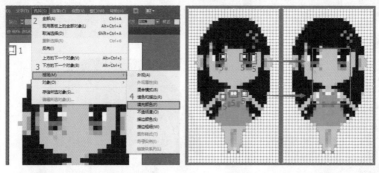

▲ 图 4-265 删除白色背景部分

step 05 根据原图片中角色的结构调整像素画中不够整洁的地方。可能像素间会有一些白色的细线，这是 AI 渲染失败导致的。不过导出后，这些细线就会消失。调整后如图 4-266 所示。

step 06 完成像素画。选择菜单栏中【文件】→【导出】命令导出 PNG 格式的图片，如图 4-267 所示。

▲ 图 4-266 调整像素画的细节

▲ 图 4-267 像素画最终效果图

第 **5** 章　游戏主界面设计

游戏主界面设计原则及注意事项

游戏界面的好坏直接影响着玩家对游戏的兴趣，游戏界面设计需要花费心思来吸引玩家的眼球，若一开始玩家就对界面产生了好感，那么在其后的其他项评定后，他的内心就会趋向认同，因此游戏界面设计要遵循用户需求这一硬性原则。除此之外，游戏界面设计还有其他的原则及注意事项，主要有以下几个方面。

1. 设计简洁

界面设计要尽量简洁，便于游戏玩家使用，减少在操作上出现错误。这种简洁性的设计和人机工程学非常相似，都是为了方便人的行为而产生的，在现阶段已经普遍应用于我们生活中的各个领域，并且在未来还会继续拓展。

2. 代表玩家说话

界面设计的语言要能够代表游戏玩家说话而不是设计者。这里所说的代表，就是把大部分玩家的想法实体化表现出来，主要通过造型、色彩、布局等几个方面来表达，不同的设计会使玩家产生不同的心理感受，例如，尖锐、红色、交错带来了血腥、暴力、激动、刺激、张扬等情绪，适合打击感和比较暴力的作品；而平滑、黑色、屈曲带来了诡异、怪诞、恐怖的气息；又如分散、粉红、嫩绿、圆钝，则带给我们可爱、迷你、浪漫的感觉。如此多的搭配会系统地引导玩家的游戏体验，为玩家的各种新奇想法助力。

3. 统一性

界面设计的风格、结构必须要与游戏的主题和内容相一致，优秀的游戏界面设计都具备这个特点。这一点看上去简单，实则还是比较复杂的，想要统一起来，并不是一件简单的事情。就拿颜色这点来说，就算只用几个颜色搭配设计界面，也不容易使之统一，因为颜色的比重会对画面产生不同的影响，所以我们会对统一性规定出多种统一方式方法，例如，固定一个色板，确定色相、纯度、明度，还要确定比例、主次等。统一界面除了色彩还有构件，这也是一个可以重复利用和统一的好方式，包括边框、底纹、标记、按钮、图标等，都应使用一致的纹样、结构、设计。最后就是必须统一文字，文字也是游戏中出现频率的元素，样式过多就不够统一，每个游戏尽量只使用一两种文字样式。

4. 清晰

视觉效果的清晰有助于游戏玩家对游戏的理解，方便游戏玩家使用游戏功能。对于不同平台上的游戏来说，为了达到更高的效率和清晰度，需要制作不同的界面美术资源，这也是因为目前还无法解决的硬件与软件间的问题。

5. 习惯与认知

界面设计在操作上的难易程度尽量不要超出大部分游戏玩家的认知范围，并且要考虑大部分玩家在与游戏互动时的习惯。这里就要提到游戏人群了，不同的人群拥有不同的年龄特点和时代背景，所接触的游戏也大不相同，界面设计要提前定位目标人群，把他们可能玩过的游戏统一整理，分析并制定符合他们习惯的界面认知系统。

6. 自由度

游戏玩家在与游戏进行互动时的方式具有多重性，自由度很高，例如，操作的工具不局限于鼠标和键盘，也可以是游戏手柄、体感游戏设备等。这一点对于高端玩家来说，是非常重要的，因为这群人不会停留在基础的玩法上，他们会利用游戏中各种细微的空间，来表现自身的不同和优势，所以要在界面设计上为这类人群提供自由度较高的设计。

除了上述游戏界面设计的原则，还需注意以下事项：

（1）突出设计重点减少识别误区；

（2）使界面简洁，体现重要信息，找到玩家习惯，隐藏冷门应用；

（3）使用普遍接受的设计习惯，不轻易尝试新的设计规范；

（4）减少学习信息，简化重复操作，节省资源。

5.2 扁平化风格手机游戏登录界面设计案例

设计构思

本节案例是设计制作扁平化风格的手机游戏登录界面。画面中主要采用冷暖色调对比，太空背景的冷色调对比时钟的暖色调，使画面色彩更加丰富，并用形状工具做出"开始时光之旅"和"读取时光存档"游戏按钮以及完成文字制作。

设计规格

尺寸规格：1280×2368 像素。

使用工具：矩形工具、椭圆工具、钢笔工具、自定义形状工具、横排文字工具。

设计色彩分析

将画面背景调整为蓝黑色的色调，使其具有太空的感觉。

▲ R:30、G:30、B:40　　▲ R:30、G:30、B:40　　▲ R:155、G:42、B:27

▲ 效果展示

1. 登录界面背景制作方法

step 01　新建空白文档，名称设为"登录界面"，宽度为 1280 像素，高度为 2368 像素，分辨率为 300 像素 / 英寸，颜色模式为 RGB 颜色，背景内容为白色，如图 5-1 所示。

step 02　新建图层，如图 5-2 所示。设置选区前景色为 #1e1e28，颜色参数 R 为 30，G 为 30，B 为 40，【拾色器（前景色）】对话框如图 5-3 所示。

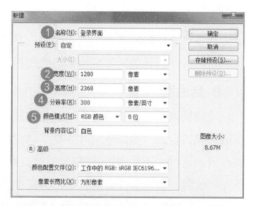

▲ 图 5-1　新建空白文档

▲ 图 5-2　新建图层

step 03　导入底图素材，将图层混合模式改为变亮，如图 5-4 所示。

▲ 图 5-3　拾色器

▲ 图 5-4　变亮混合模式

step 04　新建图层，利用【渐变工具】添加渐变效果，如图 5-5 所示。在【渐变编辑器】对话框中将位置设置为 100%，如图 5-6 所示。背景制作完成，效果如图 5-7 所示。

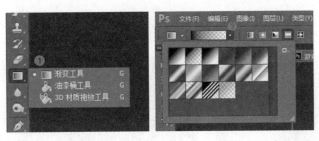

▲ 图 5-5 渐变工具

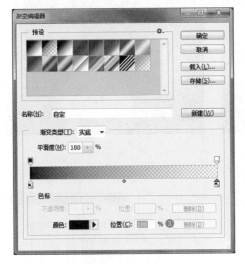

▲ 图 5-6 渐变编辑器

▲ 图 5-7 背景效果

2. 登录界面的图形设计

step 01 利用钢笔工具、圆角矩形工具、椭圆工具等，制作出如图 5-8 所示的闹钟图形。

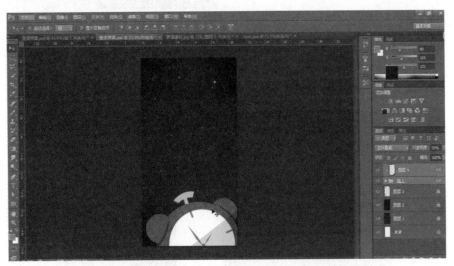

▲ 图 5-8 制作闹钟图形

step 02 利用 AI 或 Photoshop 软件，制作出游戏 LOGO。本案例 LOGO 使用字体变形、位移工具制作而成，可以自由发挥设计，如图 5-9 所示，在此不再赘述。

step 03　利用【描边】图层样式效果，制作出游戏名称，如图 5-10 所示，设置描边结构大小为 3 像素，颜色为 #9d4f3e，描边参数和颜色参数设置如图 5-11 和图 5-12 所示。

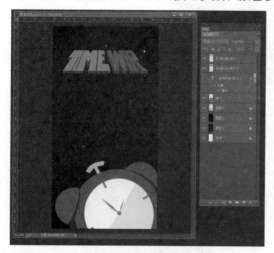

▲ 图 5-9　制作游戏 LOGO

▲ 图 5-10　制作游戏名称

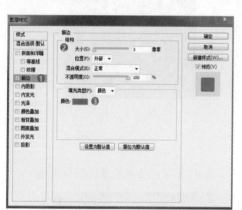

▲ 图 5-11　描边效果

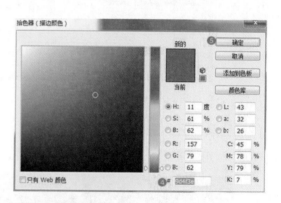

▲ 图 5-12　拾色器

step 04　利用圆角矩形工具制作出"开始时光之旅"按钮、"读取时光存档"按钮，如图 5-13 所示。最终界面效果如图 5-14 所示。

▲ 图 5-13　制作按钮

▲ 图 5-14　效果图

Q 版风格网页游戏主界面设计案例

设计构思

本节案例是设计制作 Q 版风格的网页游戏主界面。参考蛋糕造型作为背包界面原型，使用斜面和浮雕等效果，使画面更具立体感。

设计规格

尺寸规格：3600×1920 像素。

使用工具：矩形工具、椭圆工具、钢笔工具、自定义形状工具、横排文字工具、渐变工具。

设计色彩分析

整个界面以米白色为主，添加一些彩色的小颗粒，使之更具色彩感。

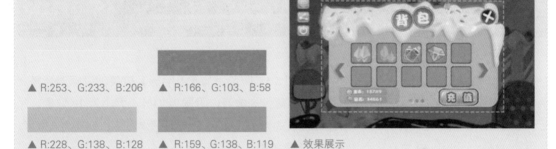

▲ R:253、G:233、B:206　　▲ R:166、G:103、B:58

▲ R:228、G:138、B:128　　▲ R:159、G:138、B:119　　▲ 效果展示

step 01　　打开 Photoshop CS6，按【Ctrl+N】组合键新建一个 3600×1920 像素大小的空白文档，先把背景填充为黑色。新建图层，绘制一个圆角矩形，填充颜色为 #e4b780，效果如图 5-15 所示。

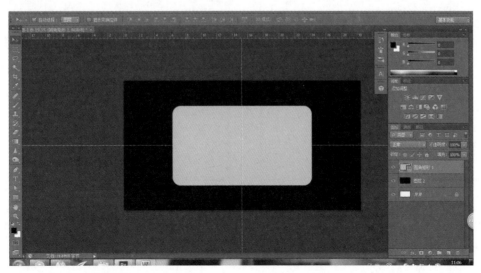

▲ 图 5-15　绘制圆角矩形

step 02 用【钢笔工具】在圆角矩形上方勾勒出奶油的形状，填充颜色为 #fde9ce，效果如图 5-16 所示。

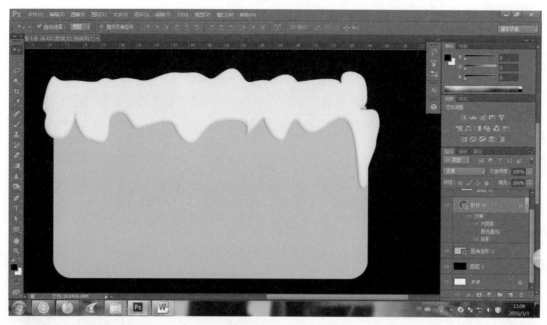

▲ 图 5-16　奶油的形状效果图

step 03 为奶油图层添加图层样式效果。如图 5-17 所示添加【内阴影】效果，设置混合模式为正常，不透明度为 75%，角度为 -96 度，距离为 8 像素，阻塞为 21%，大小为 19 像素；然后如图 5-18 所示添加【投影】效果，设置混合模式为正片叠底，不透明度为 75%，距离为 8 像素，扩展为 14%，大小为 12 像素。添加效果后效果如图 5-19 所示。

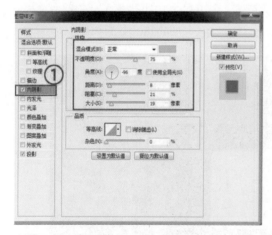

▲ 图 5-17　内阴影效果

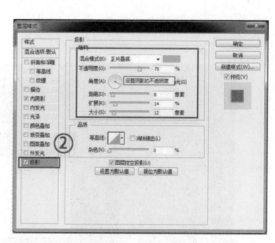

▲ 图 5-18　投影效果

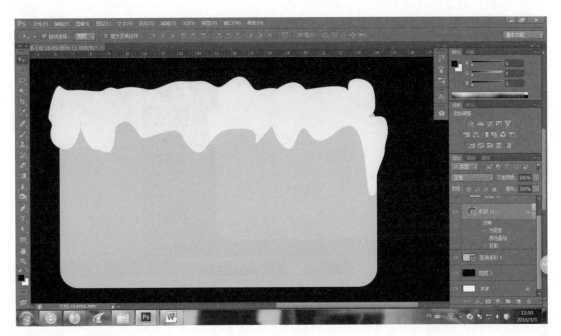

▲ 图 5-19　添加图层样式后效果

step 04　新建图层，如图 5-20 所示为奶油绘制一些细小的颗粒状添加物，填充上各种不同的颜色，使画面丰富起来。

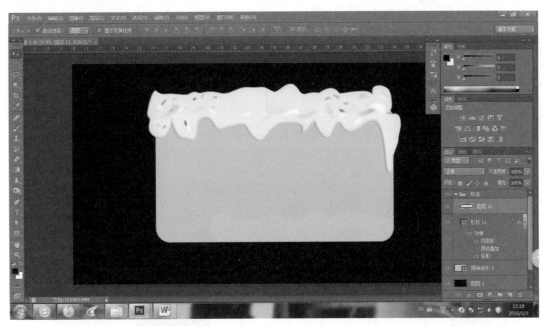

▲ 图 5-20　绘制颗粒状添加物效果

step 05　绘制一个如图 5-21 所示的圆形，填充颜色为 #f29102，添加图层样式【描边】效果，设置颜色为黑色，大小为 1 像素，如图 5-22 所示。

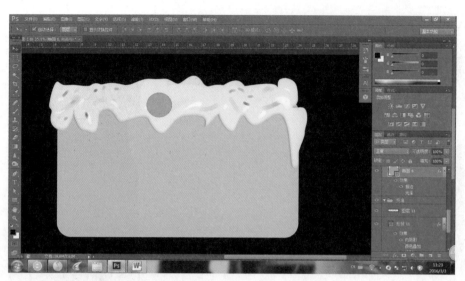

▲ 图 5-21　绘制圆形

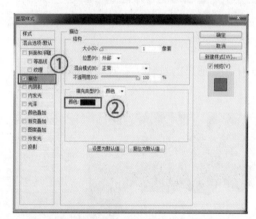

◀ 图 5-22　描边效果

step 06 用【钢笔工具】绘制斜边并填充描边，使图形呈现饼干效果，如图 5-23 所示。

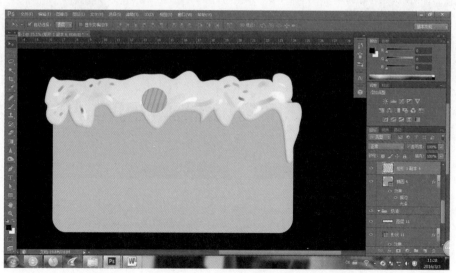

▲ 图 5-23　绘制斜边效果

step 07 绘制一个内圆，并为其添加图层样式【描边】效果，设置颜色为黑色，大小为 1 像素，如图 5-24 所示；继续添加【渐变叠加】效果，设置粉红颜色由深到浅，如图 5-25 所示；继续添加【内阴影】效果，设置不透明度为 49%，角度为 34 度，距离为 9 像素，阻塞为 9%，大小为 24 像素，如图 5-26 所示。

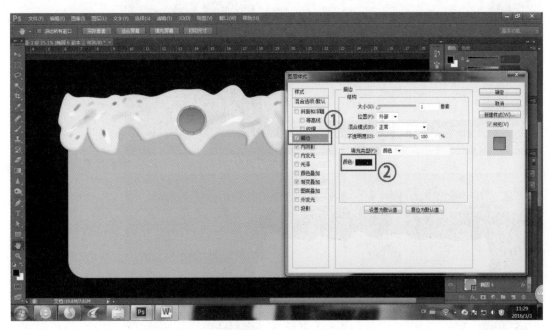

▲ 图 5-24 描边效果

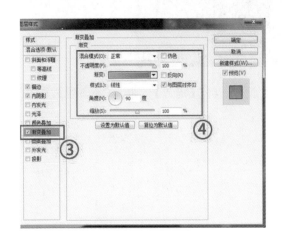

▲ 图 5-25 渐变叠加效果

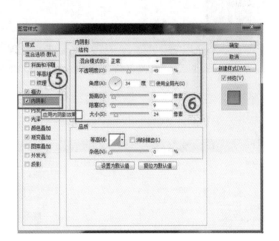

▲ 图 5-26 内阴影效果

step 08 复制圆形，位置摆放如图 5-27 所示，然后在两个圆形上分别输入文字"背""包"，设置字体为"方正胖娃简体"，效果如图 5-28 所示。

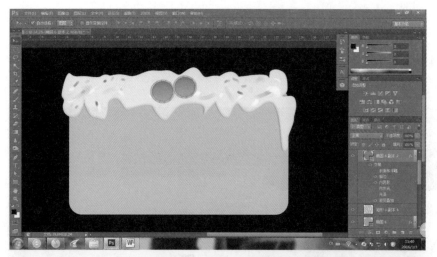

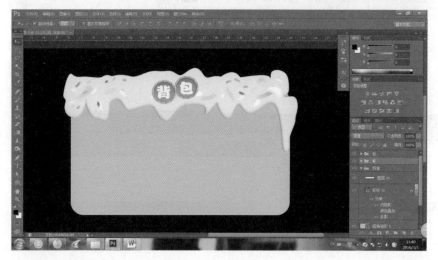

◀ 图 5-28　文字效果

step 09　绘制一个圆，填充颜色为 #f29102，为其添加图层样式【描边】效果，设置颜色为黑色，大小为 1 像素，如图 5-29 所示。

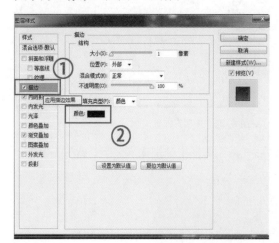

◀ 图 5-29　描边效果

step 10　绘制一个内圆，效果如图 5-30 所示。为其添加图层样式【描边】效果，设置颜色为黑色，大小为 1 像素，如图 5-31 所示；继续添加【内阴影】效果，设置角度为 30 度，阻塞为 0%，大小为 7 像素，如图 5-32 所示；继续添加【渐变叠加】效果，设置颜色为黑色到粉红色，如图 5-33 所示。

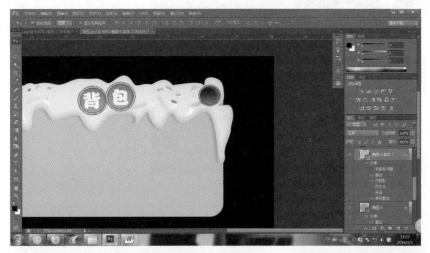

◀图 5-30　绘制内圆

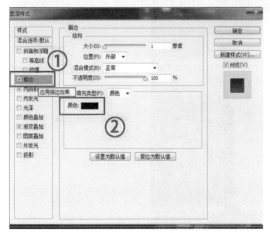

▲ 图 5-31　描边效果

▲ 图 5-32　内阴影效果

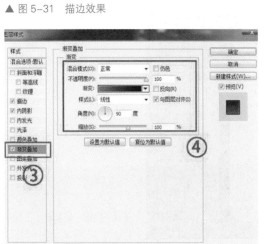

◀图 5-33　渐变叠加效果

step 11　使用【圆角矩形工具】绘制一个叉形，填充白色，效果如图 5-34 所示。

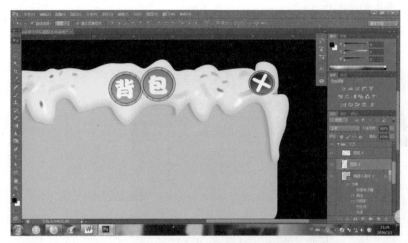

◀图 5-34　绘制叉形

step 12　绘制背包物品的内框，使用【圆角矩形工具】绘制一个圆角矩形，如图 5-35 所示，填充颜色为 #80340f。再按【Ctrl+J】组合键复制一个圆角矩形，缩小一点，填充颜色为 #9f8a77，放置在图 5-35 中矩形的上面，效果如图 5-36 所示。

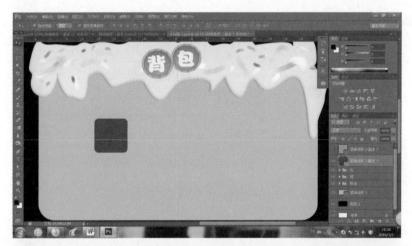

◀图 5-35　绘制圆角矩形

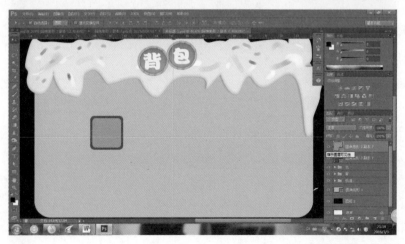

◀图 5-36　复制缩小圆角矩形

step 13　连续按【Ctrl+J】组合键复制出 9 个圆角矩形作为摆放物品内框，按如图 5-37 所示进行摆放。

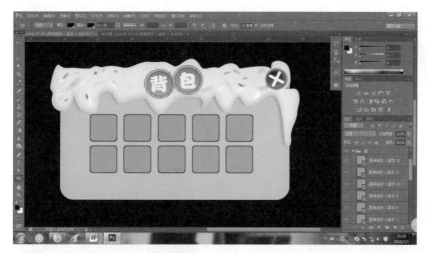

◀ 图 5-37　圆角矩形摆
放效果图

step 14　新建图层并命名为"形状 12"，使用【自定义形状工具】绘制箭头，如图 5-38 所示，填充颜色为 # 883f17。添加图层样式【斜面和浮雕】效果，设置外斜面，平滑，深度为 32%，大小为 13 像素，软化为 1 像素，角度为 30 度，如图 5-39 所示。

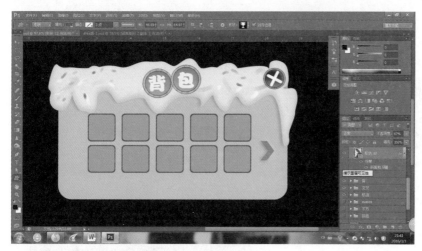

◀ 图 5-38　绘制箭头

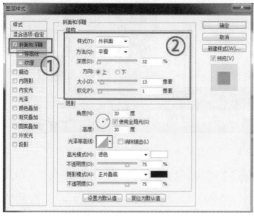

◀ 图 5-39　斜面和浮雕效果

step 15　　按【Ctrl+J】组合键复制"形状 12"图层，命名为"形状 12 图层副本"，旋转移动图形，摆放位置如图 5-40 所示。

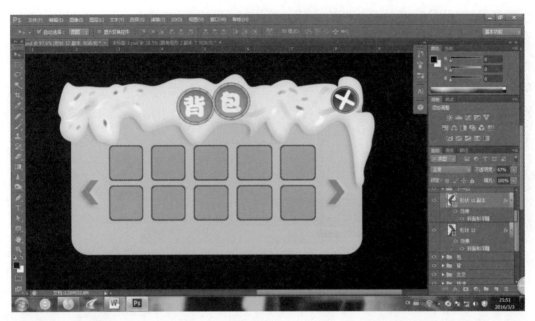

▲ 图 5-40　复制图层

step 16　　新建图层并命名为"椭圆 7"，使用【椭圆形工具】在 10 个圆角矩形下方绘制一个圆点，填充颜色为 #883f17。按【Ctrl+J】组合键复制两个，移动放置到旁边，效果如图 5-41 所示。

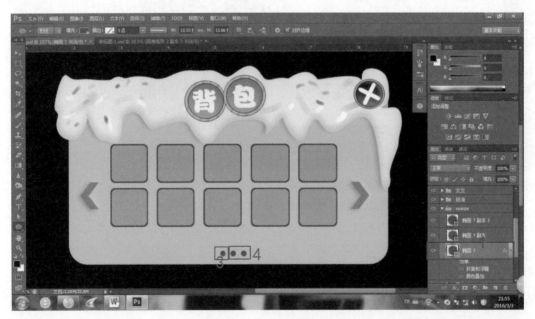

▲ 图 5-41　绘制圆点效果图

step 17　　为"椭圆 7"图层添加图层样式【斜面和浮雕】效果，如图 5-42 所示，设置为外斜面，平滑，深度为 52%，大小为 7 像素；继续添加【颜色叠加】效果，如图 5-43 所示，设置颜色

为 #56c9d9。

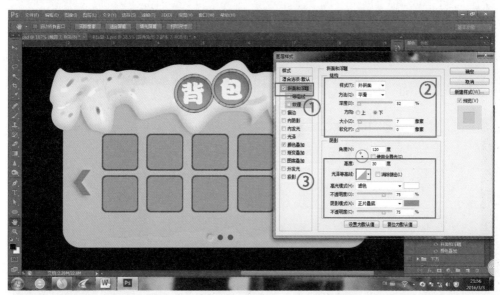

▲ 图 5-42　斜面和浮雕效果

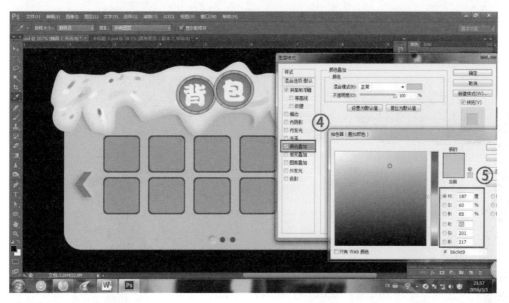

▲ 图 5-43　颜色叠加效果

step 18　使用【圆角矩形工具】在如图 5-44 所示的位置绘制一个圆角矩形，填充颜色为 #9f8a77，不透明度为 59%。

step 19　使用【圆角矩形工具】在圆角矩形上方继续绘制一个小圆角矩形，填充颜色为 #9f8a77，不透明度为 61%，按【Ctrl+J】组合键复制一个移动到正下方，效果如图 5-45 所示。

▲ 图 5-44　绘制圆角矩形

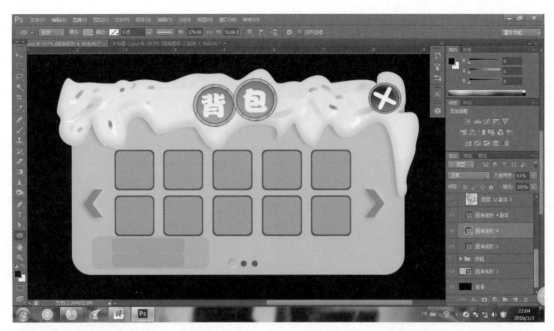

▲ 图 5-45 绘制并复制图形

step 20 新建图层，用手绘板绘制一颗钻石图形，放置到图 5-46 所示的位置上，使用"方正胖娃简体"，在钻石图形旁边输入文字"钻石：34561"。

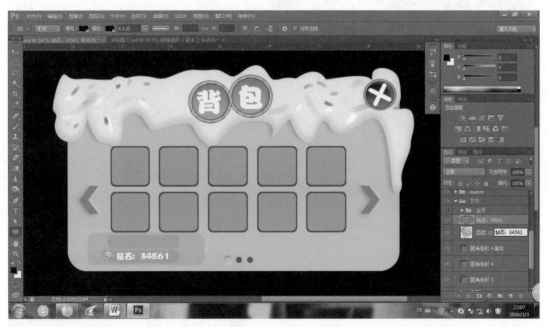

▲ 图 5-46 添加文字

step 21 使用【椭圆工具】按住【Alt+Shift】组合键绘制一个正圆，颜色填充为 #e9e348，为其添加图层样式【描边】效果，如图 5-47 所示，设置颜色为黑色；如图 5-48 所示，继续添加【内阴影】效果，设置角度为 35 度，距离为 41 像素，阻塞为 15%；如图 5-49 所示，继续添加【内发光】效果，混合模式为滤色。

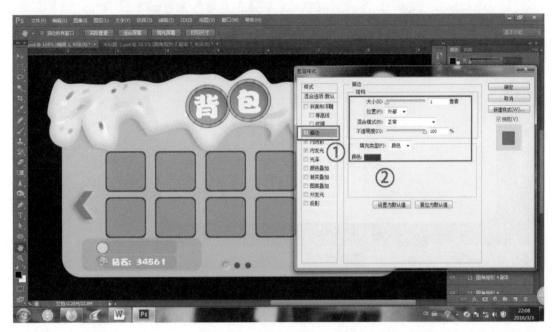

▲ 图 5-47　描边效果

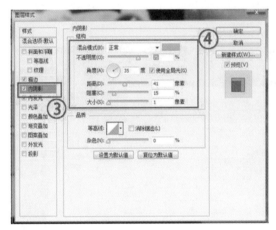

▲ 图 5-48　内阴影效果

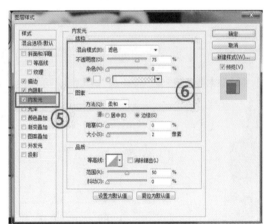

▲ 图 5-49　内发光效果

 step 22　使用【椭圆工具】按住【Alt+Shift】组合键绘制一个小一点的正圆，放置在上一步骤所绘正圆上方，如图 5-50 所示，颜色填充为 #fcee6d。

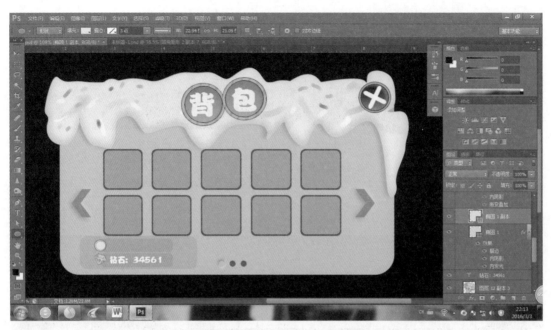

▲ 图 5-50　绘制正圆

step 23　使用【自定义形状工具】绘制金币的花样，并为其添加图层样式。如图 5-51 所示，添加【斜面和浮雕】效果，设置内斜面，深度为 164%，角度为 98 度，高度为 21 度；如图 5-52 所示，继续添加【内阴影】效果，设置角度为 30 度，距离为 3 像素，大小为 2 像素；如图 5-53 所示，继续添加【渐变叠加】效果，设置颜色由橙到黄。

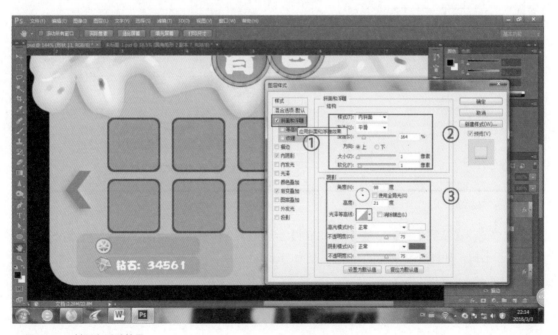

▲ 图 5-51　斜面和浮雕效果

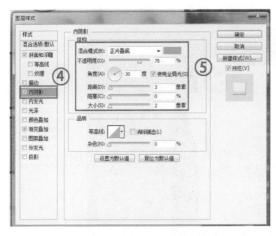

▲ 图 5-52　内阴影效果

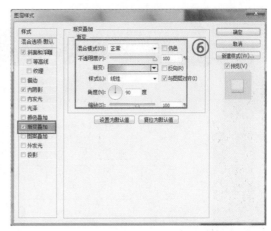

▲ 图 5-53　渐变叠加效果

step 24　使用"方正胖娃简体"字体输入文字"金币：15789"，如图 5-54 所示。

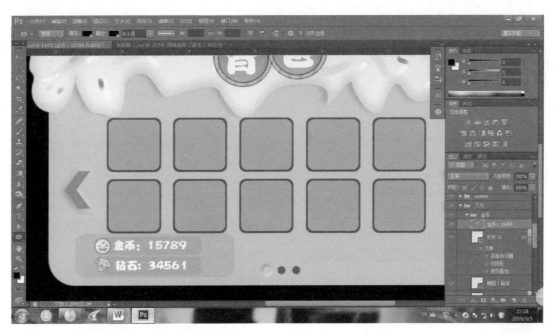

▲ 图 5-54　添加文字

step 25　使用【圆角矩形工具】绘制一个形状，颜色填充为 #80540f，如图 5-55 所示。为其添加图层样式【外发光】效果，设置颜色由白到透明色，如图 5-56 所示。

step 26　复制一个"形状副本"图层，按住【Alt+Shift】组合键等比例缩小图形，颜色填充为 #b7a784，为其添加图层样式【描边】效果，设置大小为 4 像素，外部，颜色由深棕色到浅棕色，如图 5-57 所示。

▲ 图 5-55　绘制形状

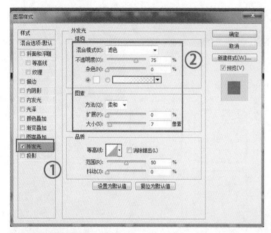

◀ 图 5-56　外发光效果

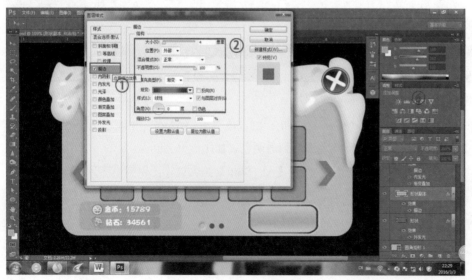

▲ 图 5-57　描边效果

step 27　再复制一个"形状副本 2"图层，按住【Alt+Shift】组合键等比例缩小图形，为其添加图层样式【内发光】效果，如图 5-58 所示，设置颜色由蓝到透明；如图 5-59 所示，继续添加【渐变叠加】效果，设置颜色为黄色到粉色，角度为 -90 度。

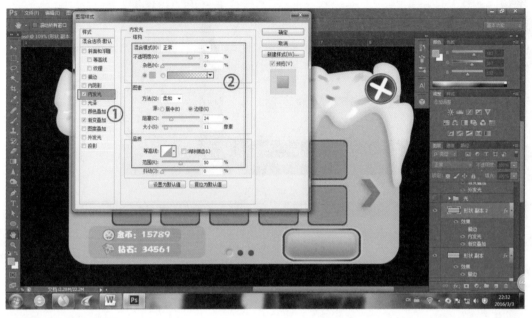

▲ 图 5-58　内发光效果

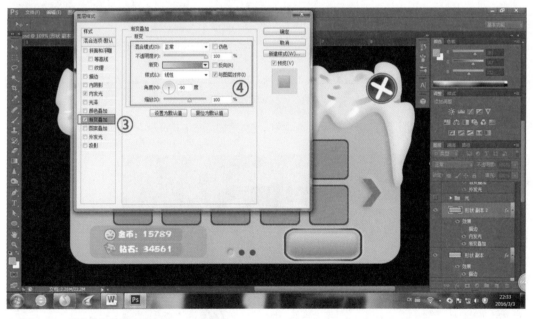

▲ 图 5-59　渐变叠加效果

step 28　用【钢笔工具】绘制高光，并为其添加图层样式【内发光】效果，设置颜色为黄色至透明，阻塞为 46%，大小为 46 像素，如图 5-60 所示；如图 5-61 所示，继续添加【颜色叠加】效果，设置颜色为白色；如图 5-62 所示，继续添加【外发光】效果，设置颜色为黄色至透明。

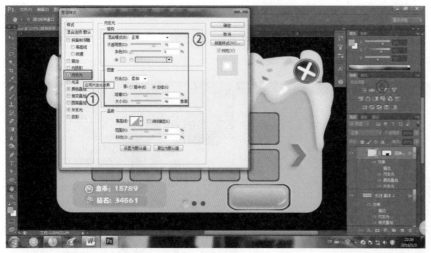

◀ 图 5-60　内发光
效果

▲ 图 5-61　颜色叠加效果

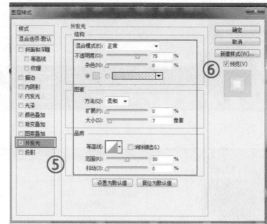

▲ 图 5-62　外发光效果

step 29　使用【图层蒙版】使高光看起来更柔和，效果如图 5-63 所示。

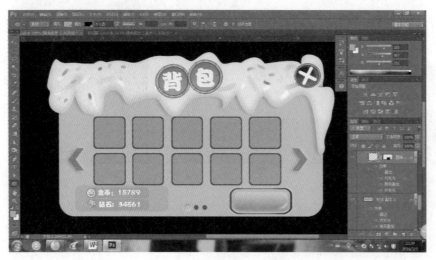

◀ 图 5-63　图层蒙版
效果

step 30　如图 5-64 所示调整高光。

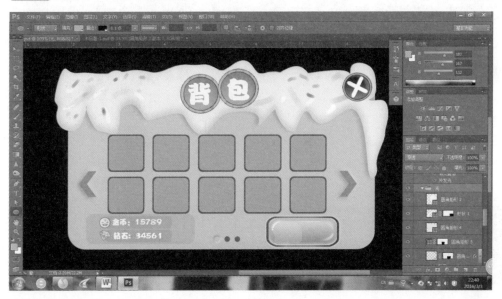

▲ 图 5-64　调整高光

step 31　新建图层，使用"方正胖娃简体"字体，输入文字"充值"，如图 5-65 所示。为其添加图层样式【描边】效果，如图 5-66 所示，设置大小为 5 像素，颜色为棕红色；如图 5-67 所示，继续添加【内阴影】效果，设置混合模式为正片叠底，角度为 30 度，距离为 4 像素，阻塞为 11%，大小为 17 像素；如图 5-68 所示，添加【光泽】效果，设置不透明度 50%，角度为 19 度，距离为 15 像素，大小为 19 像素；如图 5-69 所示，添加【渐变叠加】效果，设置不透明度为 98%，角度为 -9 度，缩放为 108%；如图 5-70 所示，继续添加【外发光】效果，设置颜色为棕色至透明，扩展为 24%，大小为 7 像素，范围为 57%。

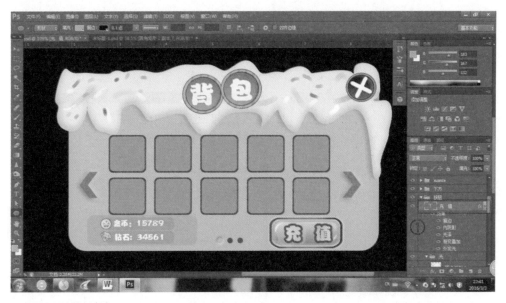

▲ 图 5-65　添加文字

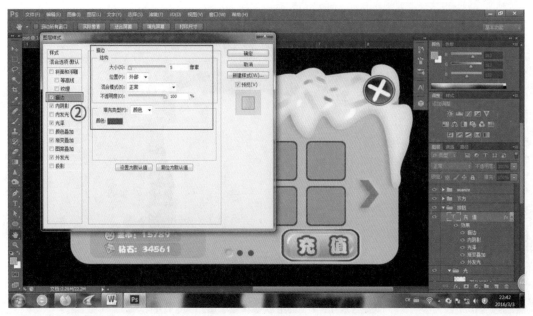

▲ 图 5-66　描边效果

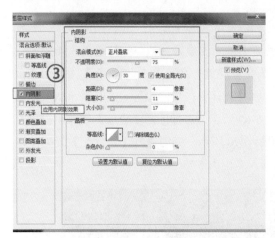

▲ 图 5-67　内阴影效果

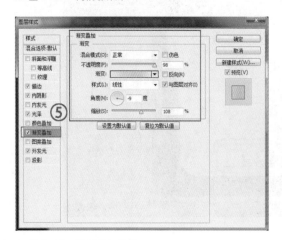

▲ 图 5-68　光泽效果

▲ 图 5-69　渐变叠加效果

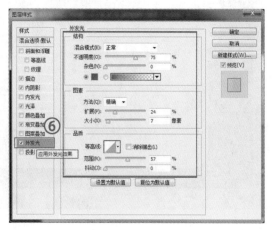

▲ 图 5-70　外发光效果

step 32　新建图层，用手绘板绘制如图 5-71 所示的背包商品道具。

▲ 图 5-71　绘制背包商品道具

step 33　新建图层，用手绘板绘制背景，效果如图 5-72 所示。

▲ 图 5-72　绘制背景

step 34　　新建图层，使用【矩形工具】绘制一个矩形，如图 5-73 所示，颜色填充为黑色，设置不透明度为 100%。

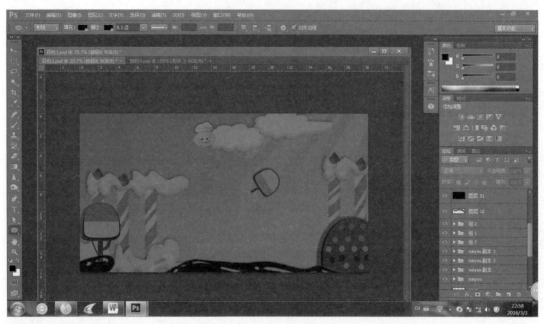

▲ 图 5-73　绘制矩形

step 35　　制作外框的按钮，完成后的最终效果如图 5-74 所示。

▲ 图 5-74　最终效果图

5.4 欧美风格电视游戏主界面设计案例

设计构思

本节案例制作欧美风格的枪战射击类电视游戏主界面和装备背包界面。装备背包用于玩家调整武器装备，通过切换不同种类的武器以适应不同类型的比赛模式。界面设计要能使玩家明确了解游戏的操作步骤。

设计规格

尺寸规格：4000×2263 像素。

使用工具：矩形工具、椭圆工具、钢笔工具、自定义形状工具、横排文字工具。

设计色彩分析

界面主要色调是重金属与蓝色科技风格。

▲ R:83、G:79、B:50

▲ R:83、G:85、B:80

▲ R:123、G:162、B:127

▲ R:0、G:39、B:6

装备界面主要由三部分组成：外金属框、内武器选择框、内人物展示框。

▲ 主界面展示

▲ 装备界面展示

▲ 外金属框

▲ 内武器选择框

▲ 内人物展示框

1. 制作外框

step 01　如图 5-75 所示，第一步是新建空白文档，宽度为 4000 像素，高度为 2263 像素，分辨率为 300 像素 / 英寸，用于制作外框。

step 02　用【钢笔工具】勾勒出外框大致外形，颜色填充深灰色，再用【矩形选择工具】删去中间部分，如图 5-76 所示。

step 03　同样用【钢笔工具】勾勒出外框的装饰、按钮、文字栏，分别填充不同的深色进行区分，如图 5-77 所示。

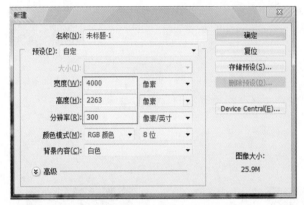

▲ 图 5-75　新建空白文档

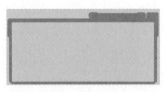

▲ 图 5-76　绘制外框外形

▲ 图 5-77　绘制装饰、按钮、文字栏

step 04　为外框添加图层样式【斜面和浮雕】效果，如图 5-78 和图 5-79 所示；继续添加【渐变叠加】【光泽】【描边】效果，此时图层面板如图 5-80 所示。

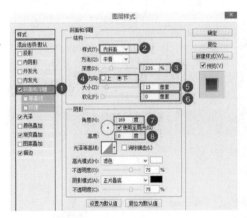

▲ 图 5-78　斜面和浮雕效果

▲ 图 5-79　添加斜面和浮雕后效果

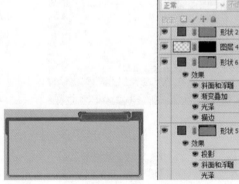

▲ 图 5-80　图层面板

step 05　为外框简单叠加纹理，找一些金属类纹理贴图，如图 5-81 所示，然后进行叠加，如图 5-82 所示。效果如图 5-83 所示。

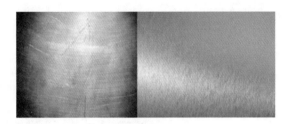

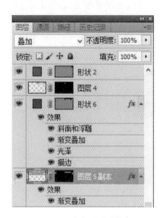

▲ 图 5-81 金属类纹理贴图　　　　　　　　▲ 图 5-82 选择叠加模式

step 06 使用手绘板，通过手绘的方式为外框加上装饰，用【高光】和【阴影】效果凸显其立体感，如图 5-84 所示。

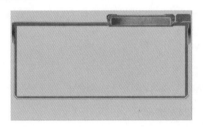

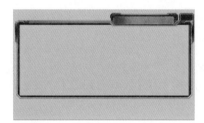

▲ 图 5-83 叠加效果　　　　　　　　▲ 图 5-84 修饰外框效果图

step 07 返回按钮的设计主要通过添加图层样式效果来实现。如图 5-85 所示添加【外发光】效果，设置为滤色，不透明度为 75%，大小为 65 像素；如图 5-86 所示，添加【渐变叠加】效果，设置颜色为黑色至白色，角度为 90 度；如图 5-87 所示，添加【描边】效果，设置大小为 9 像素，颜色为墨绿色。完成的返回按钮外框效果如图 5-88 所示。

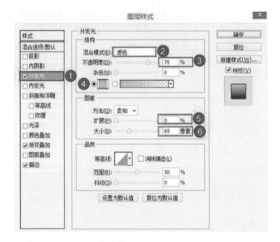

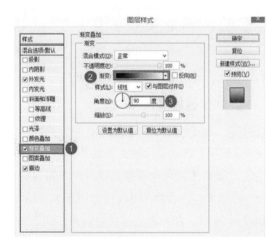

▲ 图 5-85 外发光效果　　　　　　　　▲ 图 5-86 渐变叠加效果

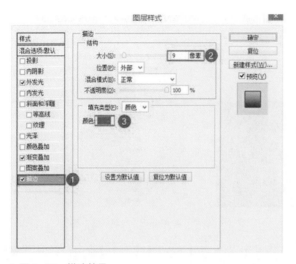

▲ 图 5-87　描边效果

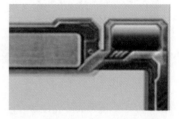

▲ 图 5-88　返回按钮外框效果图

step 08　用【钢笔工具】勾勒出内框的形状，如图 5-89 所示，并将不透明度调整为 57%，使其有通透感，如图 5-90 所示。

step 09　通过复制内框图层并按【Ctrl+T】组合键放大，再通过内框删去一部分获得细边框，为其填充白色，并添加【外发光】和【内发光】效果使其有发光效果，效果如图 5-91 所示。

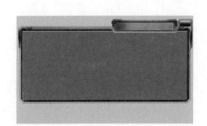

▲ 图 5-89　绘制内框

▲ 图 5-90　调整不透明度

▲ 图 5-91　发光效果

2. 制作返回按钮

step 01　用【任意工具】绘出返回箭头，并为其添加图层样式效果。如图 5-92 所示添加【外发光】效果，设置混合模式为滤色，不透明度为 47%，扩展为 10%，大小为 29 像素；如图 5-93 所示，添加【斜面和浮雕】效果，内斜面样式，方向为上，深度为 100%，大小为 8 像素，软化为 0 像素，角度为 169 度；如图 5-94 所示，添加【渐变叠加】，设置颜色为绿色至粉绿色，角度为 90 度。添加图层样式后效果如图 5-95 所示。

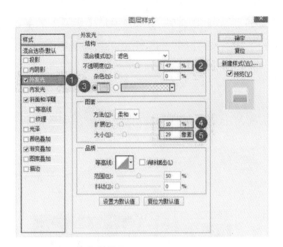

▲ 图 5-92　外发光效果

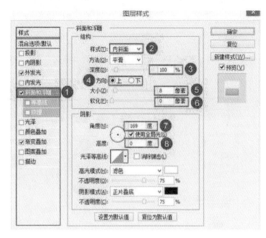

▲ 图 5-93　斜面和浮雕效果

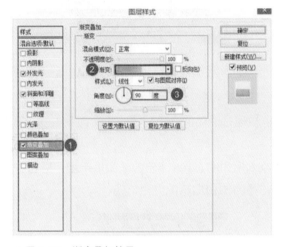

▲ 图 5-94　渐变叠加效果

▲ 图 5-95　添加图层样式后效果

step 02　开始为外框装饰一些类似齿轮等的小物件，让整个外框呈现机械风格，可以在网络上找一些如图 5-96 所示机械零件素材。

step 03　挑选适合的物件进行临摹，可以用【钢笔工具】或手绘的方式进行绘制，再为其添加图层样式效果。如图 5-97 所示，添加【斜面和浮雕】效果，设置内斜面样式，

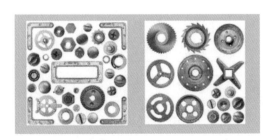

▲ 图 5-96　机械零件素材

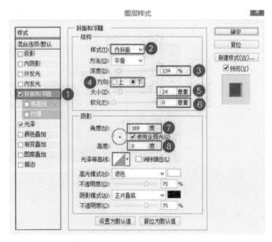

▲ 图 5-97　斜面和浮雕效果

深度为 134%，方向为下，大小为 24 像素，角度为 169 度；如图 5-98 所示，添加【光泽】效果，设置混合模式为正片叠底，不透明度为 24%，角度为 19 度，距离为 17 像素，大小为 7 像素，勾选【反相】复选按钮。再添加一些纹理，效果如图 5-99 所示。

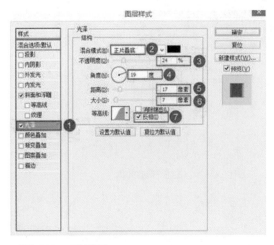

▲ 图 5-98　光泽效果

▲ 图 5-99　返回按钮效果图

3. 制作武器展示框

因为武器展示框是放置很多武器的地方，所以要通过滑动的方式查看，要设计滑动条，而且单击到武器时会显示出该武器的属性。

step 01　首先通过【钢笔工具】和路径描边方式绘制出如图 5-100 所示的武器展示柜外形。

step 02　调整每个图层的不透明度使其有通透感，如图 5-101 所示。

▲ 图 5-100　绘制武器展示柜外形

▲ 图 5-101　调整不透明度

4. 制作滑动条

step 01　用【自定义形状工具】的【圆角矩形工具】绘制出圆角矩形的滑动条，如图 5-102 所示，添加图层样式【斜面和浮雕】效果，设置内斜面样式，深度为 100%，方向为下，大小为 24 像素，角度为 120 度，高度为 30 度，让它有内嵌的感觉。

step 02　用【钢笔工具】绘制出一个按钮形状，如图 5-103 所示，添加图层样式的【斜面和浮雕】效果，设置内斜面样式，方向为上，深度为 100%，大小为 8 像素；如图 5-104 继续添加【渐变叠加】效果，设置不透明度为 87%，渐变为橙至黄渐变色，角度为 0 度，使其显得立体。

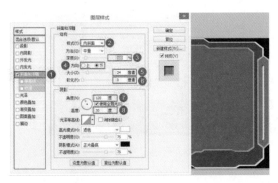

图 5-102　斜面和浮雕效果

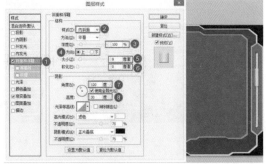

▲ 图 5-103　斜面和浮雕效果

step 03　如图 5-105 所示用【钢笔工具】绘制出放置武器的外框，并为其描边。

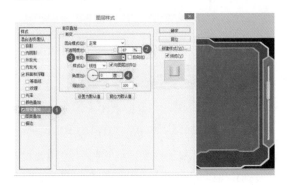

▲ 图 5-104　渐变叠加效果

▲ 图 5-105　绘制放置武器的外框

step 04　再用【魔棒工具】选中其内侧，填充淡蓝色，如图 5-106 所示，调整其不透明度为 48%。

step 05　为其添加图层样式【内阴影】效果，如图 5-107 所示，以蓝色为阴影，设置混合模式为正片叠底，角度为 120 度，距离为 5 像素，阻塞为 7%，大小为 250 像素。

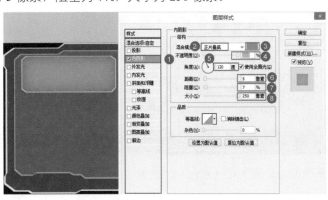

▲ 图 5-106　调整不透明度

▲ 图 5-107　内阴影设置面板

step 06 从网络上下载一张如图 5-108 所示的金属网格的纹理贴图，在上一步骤的基础上叠加上去，并调整其不透明度为 25%，如图 5-109 所示。

step 07 通过不断复制和移动排序，获得如图 5-110 所示的摆放效果。

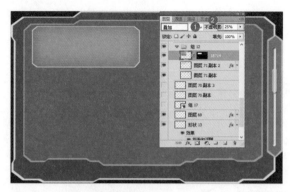

▲ 图 5-108 金属网格纹理贴图　　▲ 图 5-109 叠加并修改不透明度

step 08 同绘制外形的步骤一样，用【钢笔工具】和路径描边方式设计出两个如图 5-111 所示的功能按钮，调整其不透明度。

▲ 图 5-110 图形摆放效果图　　　▲ 图 5-111 绘制功能按钮

step 09 放置好事先设计的武器后，开始设计如图 5-112 所示的触发显示武器属性栏。

step 10 同样，它的设计也是先用【钢笔工具】勾勒出形状，再为其添加图层样式【外发光】效果，如图 5-113 所示，设置滤色，不透明度为 75%，大小为 32 像素；如图 5-114 所示，继续添加【斜面和浮雕】效果，设置浮雕效果样式，平滑，方向为上，大小为 2 像素，角度为 120 度，高度为 30 度。

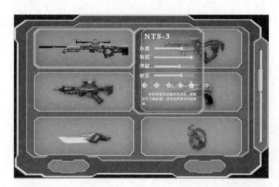
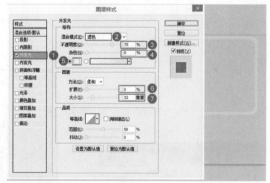

▲ 图 5-112 触发显示武器属性栏效果图　　▲ 图 5-113 外发光效果

step 11 用魔棒工具选中显示部分，填充白色并降低透明度。如图 5-115 所示，添加图层样式【内阴影】效果，设置混合模式为正片叠底，不透明度为 96%，距离为 28 像素，阻塞为 41%，大小为 234 像素；如图 5-116 所示继续添加【光泽】效果，设置混合模式为正片叠底，不透明度为 36%，角度为 19 度，距离为 11 像素，大小为 16 像素。

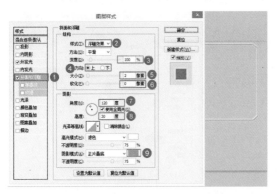

▲ 图 5-114　斜面和浮雕效果

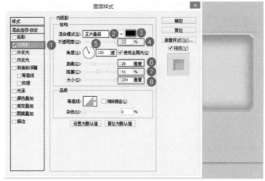

▲ 图 5-115　内阴影效果

step 12　为其添加如图 5-117 所示的文字介绍，因为是机械类游戏，此处选择了"汉仪菱心体简"字体。

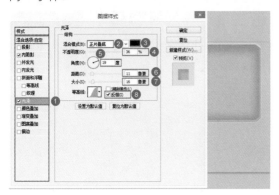

▲ 图 5-116　光泽效果

▲ 图 5-117　添加文字介绍

step 13　制作武器指数的显示条。先绘制圆角矩形，并为其添加图层样式【斜面和浮雕】效果，设置内斜面，平滑，方向为上，大小为 2 像素，角度为 120 度，高度为 30 度，如图 5-118 所示；如图 5-119 所示，继续添加【渐变叠加】效果，设置渐变为橙至黄渐变色，角度为 -90 度。

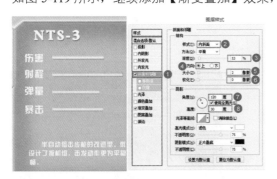

▲ 图 5-118　斜面和浮雕效果

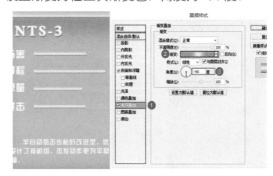

▲ 图 5-119　渐变叠加效果

step 14　用【椭圆选框工具】框选显示条，调大其羽化值，填充白色，使其有发光效果，如

图 5-120 所示。

step 15 用【自定义形状工具】里的星星形状绘制图形，并添加如图 5-121 所示图层样式【渐变叠加】效果，设置不透明度为 49%，渐变为橙至黄颜色渐变色，样式为菱形，角度为 90 度，作为武器的星级。

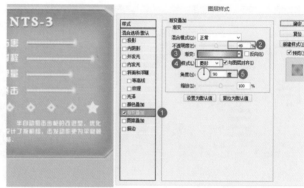

▲ 图 5-120 调整羽化值效果　　　　▲ 图 5-121 渐变叠加效果

step 16 接下来为武器加上一些标签。用【钢笔工具】绘制出梯形的外形，并如图 5-122 所示添加图层样式【斜面和浮雕】效果，设置枕状浮雕，平滑，方向为上，大小为 5 像素，角度为 120 度，高度为 30 度，加上"可强化"的文字标签；如图 5-123 所示添加【渐变叠加】效果，渐变为白至黄渐变色，角度为 -42 度。效果如图 5-124 所示。

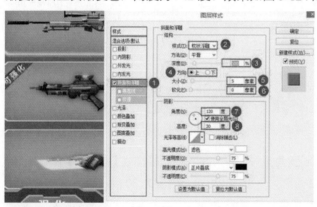

◀ 图 5-122 斜面和浮雕效果

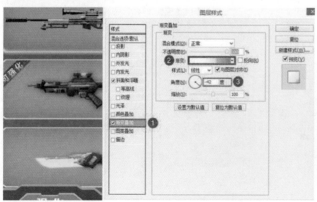

▲ 图 5-123 渐变叠加效果　　　　▲ 图 5-124 效果图

5.制作内人物展示框

step 01　绘制如图 5-125 所示的底座。用【椭圆工具】和【钢笔工具】绘制出椭圆的底座并调整不同图层的不透明度，如图 5-126 至图 5-128 所示。完成效果如图 5-129 所示。

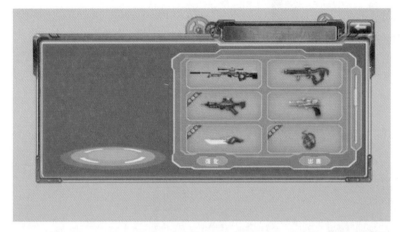

◀ 图 5-125　内人物展示框底座效果

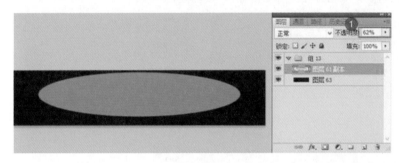

◀ 图 5-126　调整图层不透明度（1）

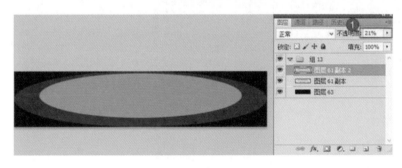

◀ 图 5-127　调整图层不透明度（2）

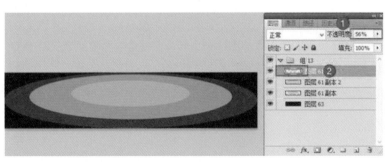

◀ 图 5-128　调整图层不透明度（3）

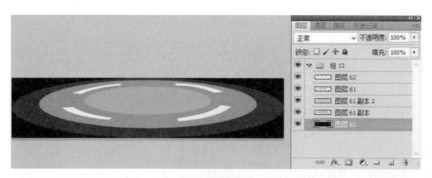

◀ 图 5-129　底座效果图

step 02　同样用【钢笔工具】和路径描边方式，绘制出如图 5-130 所示三维几何效果。添加上之前设计的人物，得到图 5-131 所示效果。

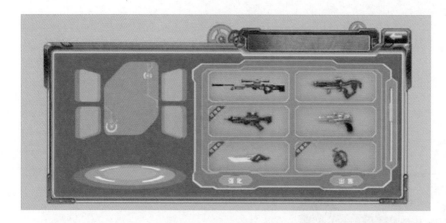

◀ 图 5-130　绘制三维几何效果

◀ 图 5-131　添加人物

6. 制作金属文字 "人物背包"

step 01　为 "人物背包" 文字添加【投影】效果，如图 5-132 所示，设置混合模式为正片叠底，不透明度为 52%，角度为 120 度，距离为 17 像素，扩展为 3 像素，大小为 6 像素。

step 02　继续添加【内阴影】效果，如图 5-133 所示，设置不透明度为 75%，角度为 120 度，距离和大小均为 5 像素。

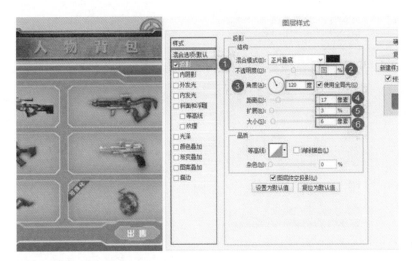

◀ 图 5-132 投影效果

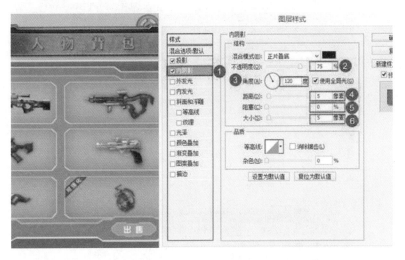

◀ 图 5-133 内阴影效果

step 03 继续添加【斜面和浮雕】效果，如图 5-134 所示，设置内斜面，方向为下，大小为 9 像素，高度为 30 度。

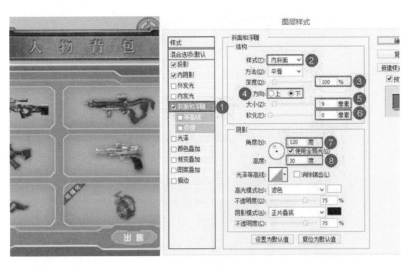

◀ 图 5-134 斜面和浮雕
效果

step 04　继续添加【渐变叠加】效果，如图 5-135 所示，设置混合模式为叠加，渐变为黑至灰渐变色，角度为 90 度。

step 05　至此文字效果还是不太明显，所以想要强调文字就需要通过阴影高光的方式表现出来。使用【椭圆工具】加大羽化值，填充一个重色来叠加，放置在文字图层下方，强化阴影，如图 5-136 所示。同样用【椭圆工具】加大羽化值，用淡黄色来叠加，放置在文字图层上方，表现出高光，如图 5-137 所示。

　　此时，装备界面设计制作完成，最终效果如图 5-138 所示。

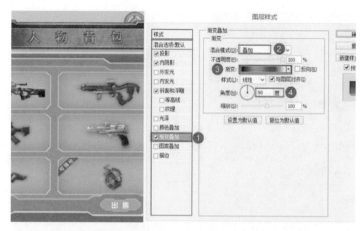

▲ 图 5-135　渐变叠加效果

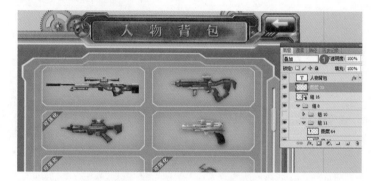

▲ 图 5-136　文字强化阴影效果

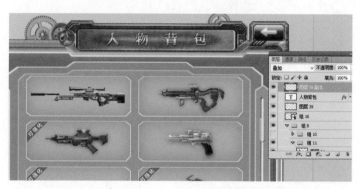

▲ 图 5-137　文字高光效果

▲ 图 5-138　最终效果图

第 **6** 章

游戏 LOGO 与
ICON 设计

LOGO 与 ICON

6.1.1 黄金分割

黄金分割是指事物各部分间一定的数学比例关系，即将整体一分为二，较大部分与较小部分之比等于整体与较大部分之比，其比值约为 1:0.618。0.618 被公认为是最具有审美意义的比例数字。这个比例是最能引起人的美感的比例，因此被称为黄金分割，如图 6-1 至图 6-3 所示。

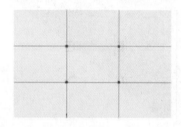

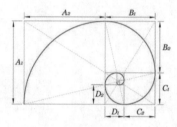

▲ 图 6-1 黄金分割（1）　　▲ 图 6-2 黄金分割（2）　　▲ 图 6-3 黄金分割（3）

在生活中应用黄金分割也能产生神奇的效果。

摄影构图中经常采用井字形黄金分割，即当主体存在于井字的小黄金点的位置时，整体构图会比较协调。

用黄金分割做出的 LOGO 看起来更大气，如图 6-4 所示。

LOGO 最初的设计概念稿可以随意涂鸦，排列组合，寻求更多的拟物以表达其寓意。

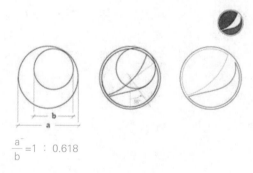

$$\frac{a}{b} = 1 : 0.618$$

▲ 图 6-4 黄金分割比例的 LOGO

6.1.2 游戏LOGO设计

下面先介绍 LOGO 设计需要注意的事项和中英文 LOGO 范例。

我们认为：游戏 LOGO= 游戏符号 + 名字，它是一款游戏的名字更是一款游戏的视觉符号，如图 6-5 所示。

▲ 图 6-5 游戏 LOGO= 游戏符号 + 名字

1.LOGO 设计需要注意的事项

（1）LOGO 的用色要符合企业和品牌形象，避免使用会让人感觉不舒服的颜色。

（2）LOGO 的造型要有寓意，可以让人联想到产品或企业品牌本身。

（3）LOGO 要具有很高的可识别性，在黑、白、灰或彩色背景下均能被识别，在不同尺寸下都要便于识别。

（4）LOGO 看起来要浑然一体，没有琐碎的元素。

（5）LOGO 如果带有中文，中文字体和英文字体的风格要成套设计。

（6）LOGO 的横向排版、纵向排版、正方形排版都要设计。

2. 英文 LOGO 范例

经典的英文 LOGO 范例如图 6-6 所示。

1. 两个大写字母，这样最有可能是取自公司名或品牌名的首字母。

2. 连接顶部水平线可以很好得组合两个字母。

3. 去除中线，将两个字母巧妙地结合在一起，但一定要确保可识别性。

4. 添加负形，尝试在一个字母或所有字母中添加负形。

5. 添加图形或插图，在两个字母中间添加图形，是一个比较直观的方式。

6. 字母中有类似部分，不一定要局限于大写，要看想要的是什么字体。

7. 用符号替换字母，要与该字母形似，这样大众才能够理解 LOGO 的含义。

▲ 图 6-6 英文 LOGO 范例

3. 中文 LOGO 范例

中文 LOGO 的创作也可以借鉴英文 LOGO 的创作技法，但是中文 LOGO 需要先设计笔画，然后进行笔画重组。可以先下载一些字体，然后用 Adobe Illustrator 打散后进行设计，中文 LOGO 范例如图 6-7 所示。

1. 柔美法——结合字体特征，运用波浪或卷曲的线条来表现的设计形式。

2. 连接法——结合字体特征将笔画相连接的设计形式。

3. 简化法——根据字体特点利用视觉错觉合理地简化字体部分笔画的设计形式。

4. 附加法——在字体外添加适合表现 LOGO 的图形的设计形式。

5. 印章法——以中国传统印章为底纹或元素的设计形式。

6. 书法法——把中国书法融入字体设计中的设计形式。

7. 综合元素——综合使用各种风格来修饰 LOGO 的设计形式。

▲ 图 6-7　中文 LOGO 范例

其实，LOGO 设计会随着时间的推移而演变。早期的 LOGO 设计往往比较复杂，越到后期进行优化和概括，越变得符合当代审美，随着产品的变迁也越来越符合产品本身的定位。

有别于平面 LOGO，游戏 LOGO 最关键的设计要点是反映游戏性，通过名字与图形的视觉化让玩家记住游戏的名字和整体风格，甚至游戏的品级、玩法、类别都能够从 LOGO 中体现出来。通过游戏 LOGO 在网站、展会、户外广告、视频等地方的应用，让 LOGO 这个视觉符号不断地强化玩家的大脑印象，从而提升游戏的知名度、影响力。游戏 LOGO 除了图案设计的好坏，更重要的是能否准确表现出一款游戏所要达到的目的，是否切中产品的痛点。

4. 从商业角度、可用性来分析怎样制作一个游戏 LOGO

（1）沟通了解需求。

沟通了解需求并形成详细的需求文档尤为重要，需求文档清晰明了，设计师就不需要去揣测需求方真正要的是什么，避免走弯路。有些需求方总埋冤设计师没理解到位，很大一部分原因是需求没理清楚。所以不管后续沟通如何，着手项目的第一步必须先让策划把需求文档写清楚。如图 6-8 所示总结了需求文档的几个要素，供大家参考。

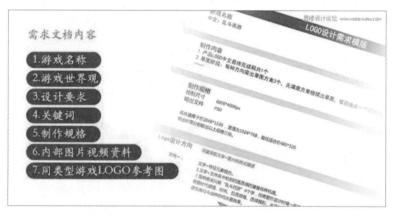

▲ 图 6-8　需求文档

需求文档提供后，如有不明白的地方尽量多沟通，核对一下大家的方向是否一致。

（2）找资料辅助灵感。

需求理解明白了，方向也清楚了，接下来就是找参考了，不管是设计菜鸟还是大神找参考都是必须的，参考是灵感的源泉。所以不要接到需求后，就急匆匆开始设计。资料参考图有很多平台可以去收集，资料收集好后，把资料图片放在同一个文件夹，或者一个 PSD 文件里。以下是几款 Q 版游戏的 LOGO 参考图，如图 6-9 所示。

▲ 图 6-9　Q 版游戏 LOGO 参考图

（3）概念设计。

概念设计阶段意在头脑风暴，不要局限于一种方向，应该有充分的方案差异性，供需求方选择。一般要提供四五个概念草图方案，以黑白稿或单色为主。几个 LOGO 设计的概念草图如图 6-10 所示。这个阶段看的是造型的整体感，不要过早考虑色彩、材质等。

▲ 图 6–10　概念草图

根据多年积累的经验，我们总结了画草图的几个方法：计算机字体变形、手绘手稿、暴力拼图。

① 计算机字体变形。参考如图 6-11 所示。

▲ 图 6–11　计算机字体变形

优点：计算机字体都是很成熟的字体设计，用计算机基础字体变形可以让设计更简单快捷。

缺点：字体会显得普通，容易雷同，缺乏设计感 。

② 手绘手稿。参考如图 6-12 所示。

手绘手稿

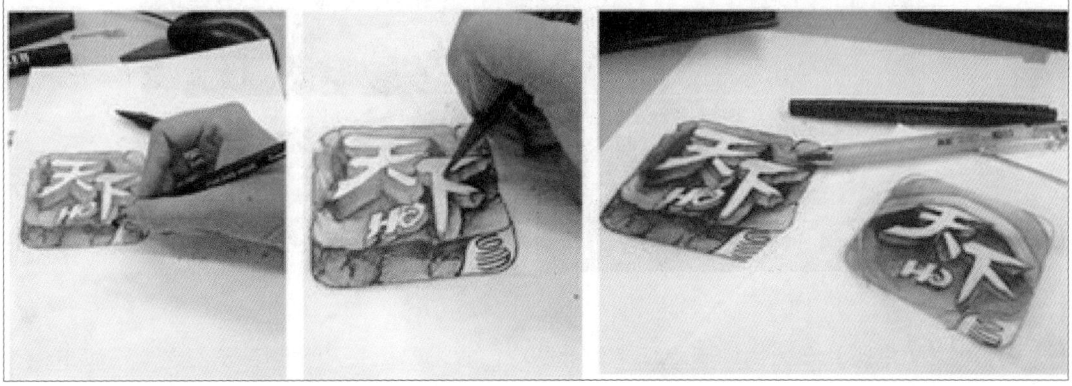

▲ 图 6-12　手绘手稿

优点：这种创意形式更加自由，字体更具设计感，原创性更高。

缺点：速度慢，完整度不高，容易潦草。

③ 暴力拼图。参考如图 6-13 所示。

暴力拼图

▲ 图 6-13　暴力拼图

优点：快！准！狠！动用一切可用的素材快速拼凑效果，效率极高，可以快速看出造型、色彩、材质、LOGO 的整体方向，适合时间紧迫的项目。

缺点：潦草，粗糙，不规范，字体设计感被削弱。

上面介绍了几种概念设计阶段的方法，接下来详细分析字体与背景图案的表现。游戏 LOGO 设计最关键的在于字体的设计，这点与平面 LOGO 设计一样，区别在于游戏 LOGO 的字体有更直观夸张的表现以及辅助元素的加入。字体设计应该注意的几个方面。

① 字体的可识别性。字体设计最忌讳的是的盲目进行变形夸张，看起来很花哨，却完全认不得字，如图 6-14 所示强识别度字体。

▲ 图 6-14 强识别度

② 字体的排版。字体的排版根据字体的长度而定，字体长的特别是英文名字可以考虑到上下结构的排版设计，倾斜、圆形/弧线排版可以让 LOGO 更富个性与趣味性，参考如图 6-15 所示。

▲ 图 6-15 字体排版

目前市面上很少出现竖排版的 LOGO，主要原因是竖的 LOGO 不适合各种应用。

③ 字体的辅助图形设计。有些 LOGO 可以考虑加入辅助图形，辅助图形可以从游戏中提取，好的辅助图形能起到画龙点睛的作用，使 LOGO 更出彩，参考如图 6-16 所示。

辅助图形

辅助图形：金箍棒

辅助图形：导弹

▲ 图 6-16　辅助图形

④ 背景图案设计上应该注意以下几点，参考如图 6-17 所示。

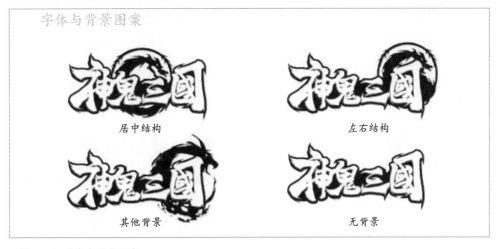

字体与背景图案

居中结构　　　　　　　　左右结构

其他背景　　　　　　　　无背景

▲ 图 6-17　字体与背景图案

• 背景图案与字体的搭配（大小比例、排版搭配）。

• 背景图案要符合游戏主题。

• 背景图案不要凌乱花哨、喧宾夺主。

（4）上色。

在多个黑白草稿中挑选一个方案进行细化上色。上色阶段可以根据游戏的整体风格进行搭配，提取游戏中的主色系，让 LOGO 与游戏风格形成整体的视觉语言。上色过程中不要急于刻画细节，更多要在颜色方案上进行尝试。游戏的主色系是什么？是暖色还是冷色？还是冷暖搭配？颜色是表现情感的一种方式，多注意颜色给玩家带来的视觉感受。同样也给出几个方案让需求方进行选择。

（5）质感的刻画。

游戏 LOGO 和平面 LOGO 最大的区别之一在于质感，把握好质感的设计就等于把握好了游戏 LOGO 的设计。质感类别很多,有水晶质感、金属质感、石头质感、科技质感,应根据游戏风格、游戏世界观,甚至游戏界面来搭配游戏 LOGO 的质感,参考如图 6-18 所示。

并非所有的 LOGO 都有强烈的质感需求,随着扁平化风格的风靡,有些游戏 LOGO 也出现了微质感的表现方式,甚至平面化的表现方式,具体项目具体分析。

▲ 图 6-18　质感

（6）光效与光感的补充。

光效与光感可以让游戏 LOGO 更为细腻,显得高大上。需要注意的是,不是所有的 LOGO 都需要加光效特效,有些 LOGO 加上光效反而显得多余,看是要做加法还是减法。

6.1.3　游戏ICON设计

ICON,是指类象符号,通过写实或模仿来表征其对象,它们在形状或色彩上与指称对象的某些特征相同。类象符号指代事物时只注重事物本身所拥有的特征,任何一个类象符号可以指代任何一个事物。类象符号是抽象符号的具象化,是最容易为人接受和识别的符号,因而被广泛应用在社会生产和生活的各个领域。

游戏 ICON 作为游戏的“标志性”内容,能够吸引用户的注意力和激发其好奇心,体现游戏的属性和主题设计等。好的 ICON 不仅可以给玩家留下深刻的印象,还能使其对游戏本身产生好感,促使其进行下载行为。也就是说,ICON 的好坏能够直接影响游戏受欢迎的程度。

关于 ICON 的色彩要明亮、元素要突出、设计要简单等建议已经有许多人做过提醒,在此就不多做说明,下面来盘点一下目前市场上游戏 ICON 的类型,其所采用的元素,同时分析不同类型的 ICON 适合怎样的游戏。

1. 以游戏角色作为游戏 ICON

将游戏中的某个主角的形象制作成 ICON,这是目前手机游戏市场中最常见的 ICON 类型,比如《全民突击》《神武》《奇迹暖暖》《我叫MT2》等游戏都是采用这种设计方式,如图 6-19 所示。这种 ICON 素材的选取比较适合 RPG 游戏,因为游戏中本身就存在比较鲜明的人物形象,而且可以说这个角色是玩家与游戏之间沟通互动的桥梁，最能代表游戏内容，也最能引发玩家对游戏的认同感。

▲ 图 6-19　以游戏角色作为游戏 ICON

2. 以纯文字作为游戏 ICON

曾经有种观念，在 ICON 设计中要避免在图标中添加文本，因为文字在 100px 尺寸的框中显得很复杂，不够简练。但是最近许多游戏也开始用纯文字作为自己的 ICON，典型的案例就是《梦幻西游》《真正男子汉》《不良人》《天龙八部 3D》等，如图 6-20 所示。将 ICON 设计成纯文字的游戏门槛比较高，一般来说是拥有强 IP（Intellectual Property，知识产权）的，或者是客户受众对某个游戏中的概念已经有比较深刻清晰的认识的，才适合用纯文字 ICON。例如客户端游戏大作转手机游戏的游戏，或是在播的综艺 IP 都比较适合。这样的 ICON 即使设计成纯文字的，也与游戏有着强联系，还能显示出其特色。

▲ 图 6-20　以纯文字作为游戏 ICON

3. 以游戏中的道具或标识作为游戏 ICON

能以游戏中的某个细节作为 ICON 的游戏，需要对自身游戏中的内容的知名度有一定的信心。这类 ICON 设计适合卡牌策略类游戏，如《炉石传说》《自由之战》等，如图 6-21 所示。此外出现在 ICON 上的标识要具有一定的"不可替代性"，在设计上加一些魔幻、科技感强的效果加以突出，能增加其独特性。

4. 以明星头像作为游戏 ICON

现在游戏对明星代言的依赖性越来越大，其合作的深度也逐渐加深。明星效应不仅体现在游戏推广上，甚至还对游戏中的角色设计、研发层面等造成了影响。将明星头像作为游戏 ICON，能很好地利用粉丝经济，吸引用户点击下载。例如，唐嫣代言的《无双剑姬》、杨幂代言的《新征途》都是采用这种方式，如图 6-22 所示。这种 ICON 设计与游戏本身的关联并不是很直接，看到 ICON 或许并不能马上联想到该游戏，但是能利用明星形象帮助游戏引发关注，这点很重要。

▲ 图 6-21　以游戏中的道具或标识作为游戏 ICON　　　▲ 图 6-22　以明星头像作为游戏 ICON

5. 以游戏类型作为游戏 ICON

有些游戏在 ICON 的设计上更加直接简洁，如《欢乐麻将》的 ICON 是直接将"麻将"两个字放在 ICON 上，如图 6-23 所示。这种方式尽管能将游戏的精髓体现在 ICON 中，但从设计上看，自然不是那么精美细致。不过不可否认，它或许能依靠"醒目"的 ICON 将同类型的游戏玩家拉拢过来。

6. 以游戏中抽象出的图形或元素作为游戏 ICON

游戏 ICON 因为要做得清晰独特，所以设计时总是用最简单而又最突出的素材进行整理。而对于一些休闲益智类游戏来说，游戏中并没有特定的人物角色或出名的道具，此时可以选择将游戏中的某个元素提取出来，或抽象成几个图形，如《球球大作战》《投影寻真》《节奏大师》等，如图 6-24 所示。不过需要注意的是，这样设计出来的 ICON 可能游戏感不强，更像是 App 的 ICON。

▲ 图 6-23　以游戏类型　　　▲ 图 6-24　以游戏中抽象出的元素作为游戏 ICON
　　　作为游戏 ICON

6.2 游戏 ICON 设计

6.2.1　卡通风格小动物游戏ICON设计案例

设计构思

本小节案例是制作卡通风格小动物游戏 ICON，在界面中以小动物作为主要角色的 ICON 并不少见，本例就以最典型的小狐狸作为例子。

设计规格

尺寸规格：2000×2000 像素。

使用工具：画笔工具、形状工具、渐变工具。

设计色彩分析

将色调调整为红色，是狐狸的标准颜色，使狐狸显得真实。

▲ R:214、G:143、B:63

▲ R:177、G:141、B:117

▲ R:229、G:38、B:30

▲ 效果展示

具体操作步骤如下：

step 01　在 Photoshop CS6 中新建一个 2000×2000 像素，分辨率为 300 像素 / 英寸的空白文档，如图 6-25 所示。打开"草莓""种植""狐狸（1）""骰子"素材图片。

step 02　新建图层，单击【圆角矩形工具】，在画布中双击，在弹出的【创建圆角矩形】对话框中设置 512×512 像素，半径 30 像素，单击【确定】按钮，如图 6-26 所示。填充渐变色 #e8c6 和 #9b76，缩放 90%，设置参数如图 6-27 所示。

▲ 图 6-25　新建空白文档

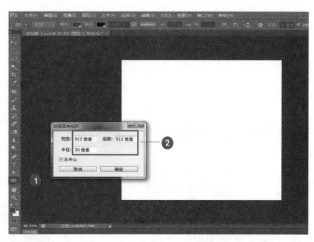

▲ 图 6-26　圆角矩形工具

step 03　为圆角矩形添加图层样式【描边】效果，设置大小为 40 像素，位置为外部，颜色为 #d68f3e，如图 6-28 所示。

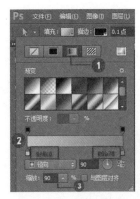

▲ 图 6-27 渐变参数　　　▲ 图 6-28 描边效果

step 04 继续添加【投影】效果，设置角度为 73 度，距离为 21 像素，扩展为 24%，大小为 131 像素，如图 6-29 所示。得到效果如图 6-30 所示。

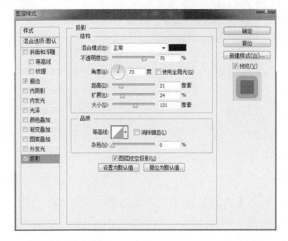

▲ 图 6-29 投影效果　　　　　　　　　　　　▲ 图 6-30 添加图层样式后效果

step 05 新建图层，修改前景色为 #363636，如图 6-31 所示，按【Alt+Delete】组合键填充图层，然后将图层移动到圆角矩形图层的下方，如图 6-32 所示。

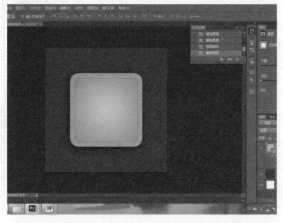

▲ 图 6-31 拾色器　　　　　　　　　　　　　▲ 图 6-32 移动图层

step 06　新建图层，根据游戏的内容、玩法和角色进入草图绘制阶段，初步打稿，如图 6-33 所示。

▲ 图 6-33　草图

step 07　新建图层，在草图上进行基本铺色绘制，如图 6-34 所示。根据光源绘制基本的阴影关系，如图 6-35 所示。

▲ 图 6-34　基本铺色绘制　　　　　▲ 图 6-35　绘制阴影关系

step 08　进一步绘制来加强体积、光影的效果，如图 6-36 所示。

▲ 图 6-36　加强体积、光影效果

step 09　进入细化绘制阶段，进行整体和部位的微调整，画出整体反光，增加体积感，效果如图 6-37 所示。

step 10　　打开"骰子"素材，将骰子放到图层中并调整位置。最终效果如图 6-38 所示。

▲ 图 6-37　微调整　　　　　　　▲ 图 6-38　最终效果图

6.2.2　像素游戏ICON设计案例

设计构思

本小节案例是设计像素游戏人物 ICON，在原有的角色基础上稍加修饰，使原来的人物 ICON 更加有个性。

设计规格

尺寸规格：962×962 像素。

使用工具：矩形工具。

设计色彩分析

画面呈现紫色，让人感到温馨、温暖。

▲ R:233、G:205、B:219

▲ R:10、G:4、B:6

▲ R:240、G:105、B:163

▲ 效果展示

具体操作步骤如下：

step 01　　打开 Adobe Illustrator CS6，选择菜单栏中的【文件】→【新建】命令新建一个画板，宽度为和高度均为 1024px，取向选为竖向，颜色模式设置为 RGB，栅格效果为 72ppi，单击【确定】按钮，进入画板，如图 6-39 所示。

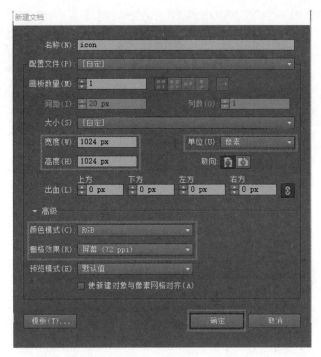

▲ 图 6-39　新建画板

step 02　选择工具箱中【矩形】工具，宽度和高度均设置为 962px，单击【确定】按钮，绘制出一个边长为 962px 的正方形，颜色设置为 R:234、G:205、B:219，置于画板中心，如图 6-40 所示。

step 03　选择【矩形】工具，绘制一个边长为 962px 的正方形作为像素块，颜色设置为 R:185、G:121、B:176。复制若干个像素块排列成 ICON 的边框，如图 6-41 所示。

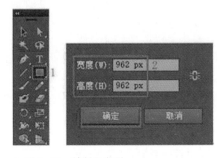

▲ 图 6-40　绘制正方形

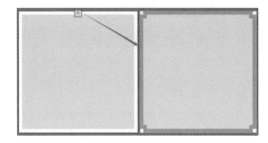

▲ 图 6-41　绘制 ICON 的边框

step 04　复制像素游戏角色源文件中的图层至画板中，整理角色的像素块。为了不显冗杂，将角色的发型进行修改，并且修改手臂的动态。另外制作一个像素块组成的小球，置于角色手中，如图 6-42 所示。

step 05　完成像素游戏 ICON 设计，选择菜单栏中【文件】→【导出】命令，导出文件的 PNG 格式图片，效果如图 6-43 所示。

▲ 图 6-42　调整 ICON 的细节

▲ 图 6-43　最终效果图

游戏 LOGO 设计

6.3.1　欧美风格游戏LOGO设计案例

设计构思

设计游戏 LOGO 是游戏 UI 设计师必不可少的一项技能。欧美风格游戏在现在游戏市场中占有一定份额，下面就使用 Photoshop 制作一个欧美风格游戏 LOGO。

设计规格

尺寸规格：1470×1100 像素。

使用工具：钢笔工具、选区工具、渐变工具。

设计色彩分析

采用金属钢的颜色，让人有种冰冷不敢靠近的感觉。

▲ R:128、G128、B128

▲ R:39、G80、B104

▲ R:181、G165、B129

▲ 效果展示

具体操作步骤如下：

step 01　在 Photoshop CS6 中新建一个 1470×1100 像素，分辨率为 300 像素 / 英寸的空白文档，如图 6-44 所示。

step 02　按【Ctrl+U】组合键打开【色调 / 饱和度】对话框，设置明度为 -50，如图 6-45 所示。

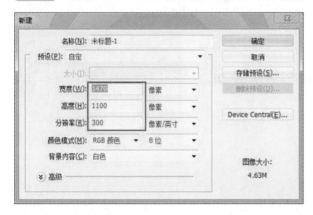

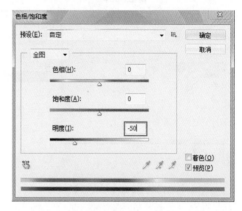

▲ 图 6-44　新建空白文档　　　　　　　　　　　　▲ 图 6-45　调整色相 / 饱和度

step 03　新建图层，利用【钢笔工具】结合【选框工具】绘制 LOGO 纯色底板，图 6-46 所示。

step 04　为 LOGO 底板图层添加图层样式【描边】效果，打开"资源包 / 素材 /1.jpg"图片素材作为描边填充图案，并设置大小为 2 像素，位置为居中，混合模式为点光，缩放为 137%，如图 6-47 所示。

▲ 图 6-46　绘制 LOGO 纯色底板

step 05　继续添加【图案叠加】效果，打开"资源包 / 素材 /2.jpg"图片素材作为叠加图案，并设置混合模式为正常，不透明度为 85%，缩放为 98%，如图 6-48 所示。

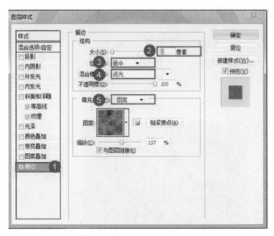

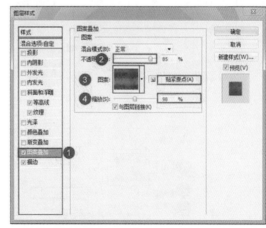

▲ 图 6-47　描边效果　　　　　　　　　　　　　　▲ 图 6-48　图案叠加效果

step 06　继续添加【渐变叠加】效果，调整渐变色条的颜色变化，并设置混合模式为叠加，不透明度为 20%，样式为线性，角度 90 度，缩放为 113%，如图 6-49 所示。调整完成效果如

图 6-50 所示。

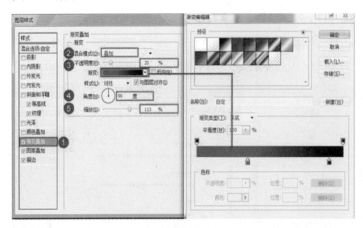
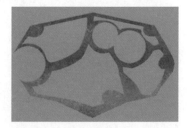

▲ 图 6-49　渐变叠加效果　　　　　　　　　　　　　▲ 图 6-50　效果图

step 07　添加【斜面和浮雕】效果，勾选【等高线】【纹理】选项，突显立体效果。【斜面与浮雕】选项栏设置样式为内斜面，方法为雕刻清晰，深度为 123%，大小为 1 像素；【等高线】选项栏设置范围为 100%；【纹理】选项栏图案设置为素材 "1.jpg"，缩放为 104%，深度为 +10%，具体属性如图 6-51 至图 6-53 所示。得到效果如图 6-54 所示。

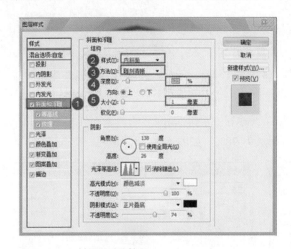

▲ 图 6-51　斜面和浮雕效果

▲ 图 6-52　等高线参数

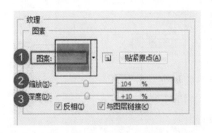

▲ 图 6-53　纹理参数

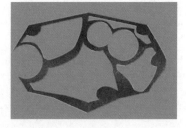

▲ 图 6-54　效果图

step 08　添加【外发光】【内阴影】【投影】效果并加以调整，【外发光】选项栏设置混合模式为线性加深，不透明度为 24%，杂色为 20%，方法为柔和，大小为 6 像素；【内阴影】

选项栏设置混合模式为叠加，不透明度为 74%，角度为 -21 度，距离为 2 像素，大小为 6 像素，杂色为 26%；【投影】选项栏设置混合模式为正片叠底，不透明度为 76%，角度为 90 度，距离为 16 像素，扩展为 23%，大小为 55 像素，杂色为 20%，具体参数如图 6-55 至图 6-57 所示。得到效果如图 6-58 所示，突显立体感。

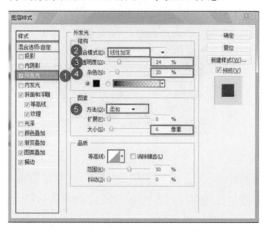

▲ 图 6-55　外发光效果

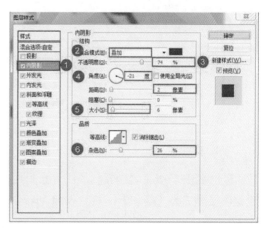

▲ 图 6-56　内阴影效果

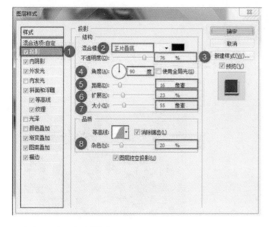

▲ 图 6-57　投影效果

▲ 图 6-58　效果图

step 09　LOGO 底板绘制完成，接下来制作齿轮以丰富画面。首先打开金属小物件图片素材，如图 6-59 所示。新建图层，利用【钢笔工具】【选区工具】或画笔绘制齿轮轮廓，如图 6-60 所示。

▲ 图 6-59　金属小物件图片素材

▲ 图 6-60　齿轮轮廓

step 10　为齿轮添加图层样式【斜面和浮雕】效果，设置参数如 6-61 所示，调整出立体效果如图 6-62 所示。

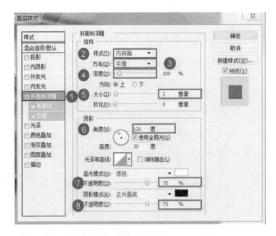

▲ 图 6-61　斜面和浮雕效果

▲ 图 6-62　效果图

step 11　打开一张生锈金属材质图片素材，如图 6-63 所示，置于齿轮图层上方，创建剪贴蒙板，设置图层模式为【叠加】，如图 6-64 所示，利用【减淡 / 加深工具】绘制明暗面，得到效果如图 6-65 所示。

▲ 图 6-63　生锈金属材质图片素材

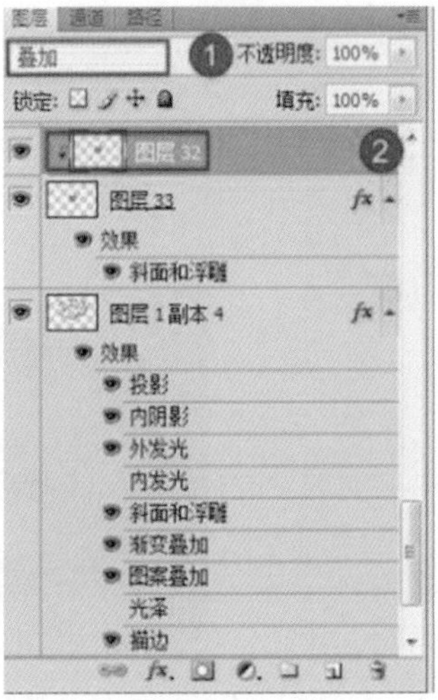

▲ 图 6-64　叠加模式

▲ 图 6-65　效果图

step 12　利用同样方法，新建图层，绘制第二个齿轮，加强亮部，置于 LOGO 底板图层下方，再绘制小螺丝置于上方，如图 6-66 所示。

step 13　在图层最上方新建图层，利用【选区工具】绘制两个小螺丝纯黑轮廓，如图 6-67 所示。

▲ 图 6-66　绘制齿轮和小螺丝

▲ 图 6-67　绘制小螺丝纯黑轮廓

step 14　接下来通过添加图层样式来制作小螺丝的明暗对比效果，为方便后面制作立体字体可以直接复制小螺丝的图层样式，可以将螺丝的立体效果与材质一并做出来。

step 15　添加【描边】效果，描边图案为生锈金属材质图片素材，设置大小为 2 像素，位置为居中，混合模式为颜色减淡，填充类型为图案，缩放为 106%，如图 6-68 所示，制作材质。添加【图案叠加】效果，叠加真实金属纹理图片素材，调整各项属性，设置混合模式为正常，图案为素材"1.jpg"，缩放为 106%，如图 6-69 所示，制作材质。

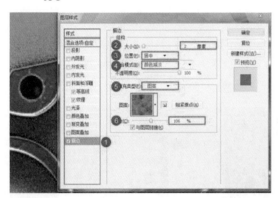

▲ 图 6-68　描边效果

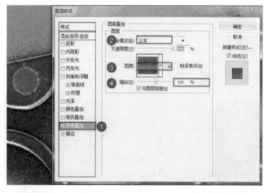

▲ 图 6-69　图案叠加效果

step 16　添加【渐变叠加】效果，调整渐变色条，设置混合模式为叠加，不透明度为 64%，如图 6-70 所示，暗部使用黑蓝色遮挡了材质，形成明暗对比。

step 17　添加【斜面和浮雕】效果，调整各项属性，【斜面和浮雕】选项栏样式为内斜面，方法为雕刻清晰，深度为 123%，方向为上，大小为 3 像素，角度为 138 度，高度为 26 度；【等高线】选项栏设置范围为 100%；【纹理】选项栏图案为金属纹理图片素材，缩放为 106%，深度为 +10%。制作出螺丝的立体效果为立体字体的制作做准备，设置参数如图 6-71 至图 6-73 所示。

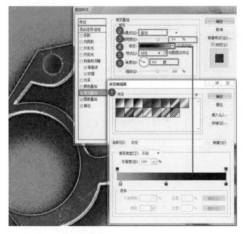

▲ 图 6-70　渐变叠加效果

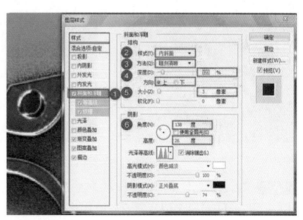

▲ 图 6-71　斜面和浮雕效果

▲ 图 6-72 等高线

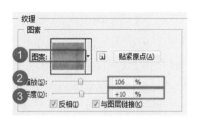

▲ 图 6-73 纹理

step 18 添加【外发光】【投影】效果，调整各项属性，【外发光】效果设置混合模式为线性加深，不透明度为 7%，杂色为 20%，方法为柔和，大小为 17 像素。【投影】效果设置混合模式为正片叠底，不透明度为 57%，角度为 90 度，距离为 18 像素，扩展为 2%，大小为 19 像素，杂色 20%，如图 6-74 和图 6-75 所示，增加立体感。

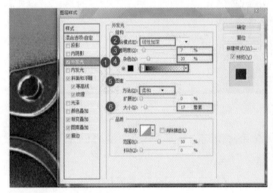

▲ 图 6-74 外发光效果

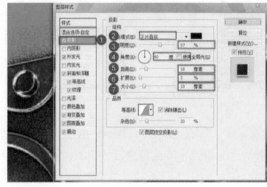

▲ 图 6-75 投影效果

step 19 小螺丝的明暗对比效果就做好了，边缘高光较多，如图 6-76 所示。

step 20 新建图层，打开小螺丝纹理材质图片素材，如图 6-77 所示，置于小螺丝明暗对比图层的上方，图层模式设置为【线性光】，如图 6-78 所示，让小螺丝有了纹理，也有了立体感和明暗对比，如图 6-79 所示。

▲ 图 6-76 效果图

▲ 图 6-77 小螺丝纹理材质

▲ 图 6-78 线性光图层模式

step 21 接下来制作 LOGO 中的立体金属字体。新建图层并输入文本，填充黑色并且栅格化图层，利用【Ctrl+T】组合键变形使其形状如图 6-80 所示。

step 22 复制小螺丝明暗对比层的图层样式，粘贴至文字图层中，并修改文字图层【渐变叠加】效果的渐变色条颜色与各项属性，设置混合模式为叠加，不透明度为 64%，角度为 162 度，如图 6-81 所示。

▲ 图 6–79　效果图

▲ 图 6–80　文本变形效果

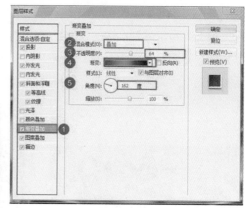

▲ 图 6–81　渐变叠加效果

step 23　添加【光泽】效果，调整暗红颜色，设置混合模式为正片叠底，不透明度为 99%，角度为 19 度，距离为 53 像素，大小为 9 像素，如图 6-82 所示，使文字的图案有少许红色变化。

step 24　添加【内阴影】效果，调整各项属性，混合模式为颜色减淡，不透明度为 74%，角度为 -21 度，距离为 5 像素，阻塞为 0%，大小为 5 像素，杂色为 26%，如图 6-83 所示，增强文字的立体感。效果如图 6-84 所示。

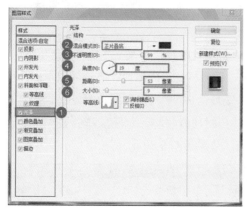

▲ 图 6–82　光泽效果

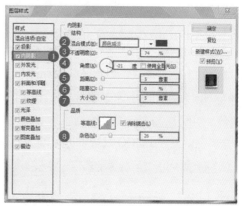

▲ 图 6–83　内阴影效果

step 25　为增强立体金属字的表面红色光泽，选取文字图层选区，新建一个图层，填充红色，如图 6-85 所示，利用特殊笔刷橡皮擦适当擦除做旧，将处理好的图层叠加在文字图层上，使文字效果更加生动，如图 6-86 所示。

▲ 图 6–84　效果图

▲ 图 6–85　填充图层为红色

step 26   下面绘制 LOGO 金属底板的部件，丰富画面细节。新建图层，利用【钢笔工具】【选区工具】或画笔绘制左边的圆圈把手轮廓，填充金属黄色，并且添加【渐变叠加】效果，选择默认黑白渐变色条，混合模式为亮光，不透明度为 76%，角度为 -81 度，缩放为 100%，使圆形把手变成具有明暗对比的金属黄色，如图 6-87 所示。

▲ 图 6-86　效果图

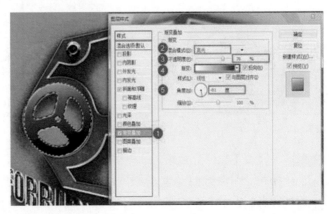

▲ 图 6-87　渐变叠加效果

step 27   添加【斜面和浮雕】效果，调整各项属性，设置样式为枕状浮雕，方法为平滑，深度为 100%，方向为上，大小为 1 像素，角度为 120 度，高度为 30 度，如图 6-88 所示，使其富有立体感。

step 28   新建图层，打开金属把手纹理材质图片素材，置于把手图层上方，创建剪贴蒙版，设置【叠加】图层模式，添加【斜面和浮雕】效果，调置样式为内斜面，方法为平滑，深度为 100%，方向为上，大小为 3 像素，角度为 120 度，高度为 30 度，如图 6-89 所示。

step 29   用同样方法分图层绘制多种齿轮形状，使用材质素材与添加图层样式效果，展现材质与立体感，置于 LOGO 底板上方，增添画面细节，效果如图 6-90 所示。

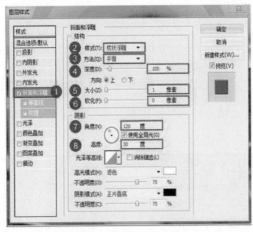

▲ 图 6-88　斜面和浮雕效果

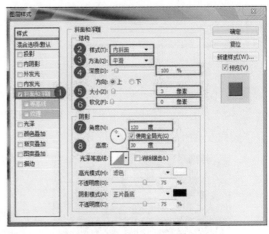

▲ 图 6-89　斜面和浮雕效果

step 30   LOGO 制作基本完成，但此时画面光线较为暗沉，打开光线图片素材，如图 6-91 所示，为 LOGO 增添色彩变化。

▲ 图 6-90　效果图

▲ 图 6-91　光线图片素材

step 31　新建 3 个图层，载入光线图片素材，使用【Ctrl+T】组合键利用【变形工具】调整素材方向、大小，设置图层模式为【颜色减淡】，不透明度为 50%，如图 6-92 所示。为图层添加图层蒙版，蒙版填充黑色，使用圆选区，填充黑白径向渐变，利用【变形工具】调整形状，光线蒙版如图 6-93 所示，增添光线效果如图 6-94 所示。

▲ 图 6-92　新建 3 个图层

▲ 图 6-93　光线蒙版

step 32　接下来绘制"禁区"立体文字效果，新建两个文字图层，分别输入"禁""区"文字，栅格化图层，利用【变形工具】改变形状，填充灰色，合并图层，如图 6-95 所示。

▲ 图 6-94　增添光线效果图

▲ 图 6-95　输入"禁""区"文字

step 33　为"禁""区"文字图层添加图层样式【图案叠加】【渐变叠加】【颜色叠加】【光泽】【斜面和浮雕】效果，此步骤最为关键。

【图案叠加】效果设置图案为素材"1.jpg"，缩放为 300%，如图 6-96 所示。【渐变叠加】效果设置混合模式为正片叠底，渐变为金属反光，勾选【反向】复选按钮，样式为线性，勾选【与图层对齐】复选按钮，角度为 90 度，如图 6-97 所示。

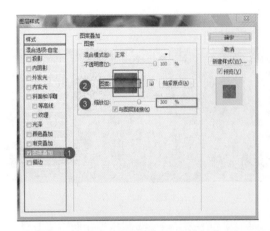

▶ 图 6-96　图层叠加效果

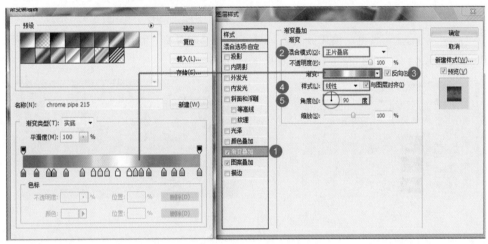

▲ 图 6-97　渐变叠加效果

【颜色叠加】效果设置混合模式为颜色减淡，不透明度为 53%，如图 6-98 所示。

【光泽】效果设置混合模式为亮光，不透明度为 34%，角度为 19 度，距离为 250 像素，大小为 177 像素，如图 6-99 所示。

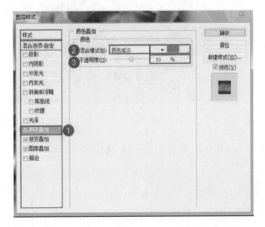

▲ 图 6-98　颜色叠加效果

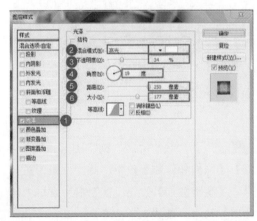

▲ 图 6-99　光泽效果

【斜面和浮雕】效果设置样式为内斜面，方法为雕刻清晰，深度为 195%，方向为上，大小为 16 像素，软化为 0 像素，角度为 138 度，高度为 26 度，如图 6-100 所示。

【纹理】效果设置图案为金属纹理图片素材，缩放为 300%，深度为 +10%，如图 6-101 所示。

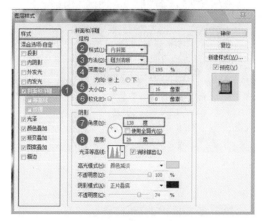

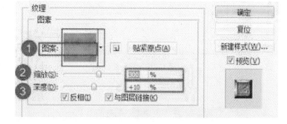

▲ 图 6-100　斜面和浮雕效果　　　　　　　　　▲ 图 6-101　纹理效果

【内发光】效果设置混合模式为颜色减淡，不透明度为 80%，杂色为 9%，颜色选择橄榄色到透明，源为居中，阻塞为 22%，大小为 114 像素，如图 6-102 所示。

【内阴影】效果设置混合模式为正片叠底，不透明度为 95%，角度为 -90 度，距离为 24 像素，阻塞为 5%，大小为 15 像素，杂色为 22%，如图 6-103 所示。

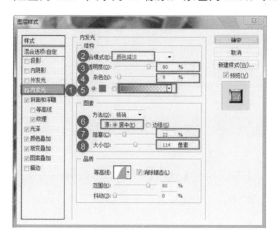

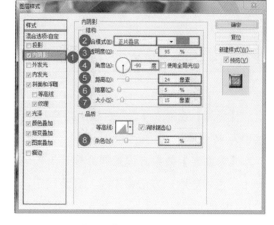

▲ 图 6-102　内发光效果　　　　　　　　　　　▲ 图 6-103　内阴影效果

【投影】效果设置混合模式为正片叠底，不透明度为 89%，角度为 120 度，距离为 9 像素，扩展为 2%，大小为 54 像素，杂色为 0%，如图 6-104 所示。得到效果如图 6-105 所示。

step 34　"禁区"文字制作完成后，发现色调偏黄，采用复制图层重叠的方式调整颜色。复制一层禁区文字图层，删除图层样式，重新添加图层样式【描边】效果，设置大小为 6 像素，位置为居中，混合模式为颜色减淡，填充类型为渐变，角度为 0 度，缩放为 147%，如图 6-106 所示。

继续添加【颜色叠加】效果，设置混合模式为黑色，如图 6-107 所示。

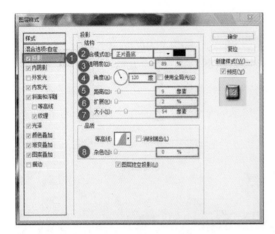

▲ 图 6-104　投影效果

▲ 图 6-105　效果图

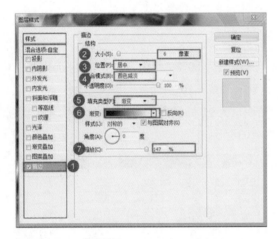

▲ 图 6-106　描边效果

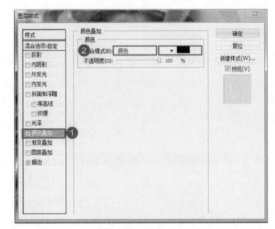

▲ 图 6-107　颜色叠加效果

　　【光泽】效果，设置混合模式为叠加，不透明度为 18%，角度为 -18 度，距离为 21 像素，大小为 46 像素，如图 6-108 所示。

　　【内发光】效果，设置混合模式为颜色减淡，【不透明度】为 71%，杂色为 0%，颜色选择米白色到透明，方法为柔和，源为居中，阻塞为 100%，大小为 250 像素，范围为 75%，如图 6-109 所示。

　　【内阴影】效果，设置混合模式为颜色减淡，不透明度为 55%，角度为 120 度，距离为 21 像素，如图 6-110 所示。

　　【投影】效果，设置混合模式为叠加，黑色，不透明度为 62%，角度为 90 度，距离为 48 像素，扩展为 8%，大小为 30 像素，杂色为 0%，如图 6-111 所示。需要注意的是，颜色叠加中颜色为黑色，混合模式为颜色，可以使下方文字图层的色彩减淡；其他图层样式为突显细节体现而设置。

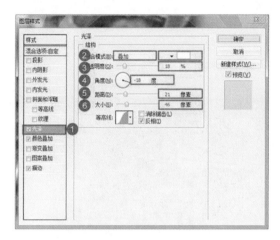

▲ 图 6-108　光泽效果

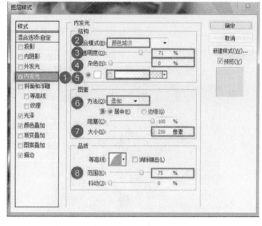

▲ 图 6-109　内发光效果

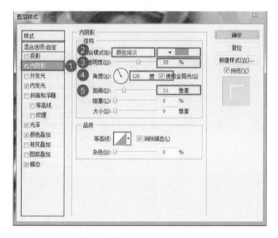

▲ 图 6-110　内阴影效果

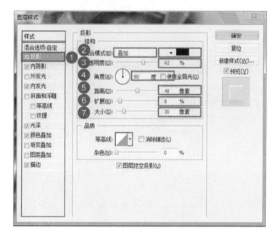

▲ 图 6-111　投影效果

step 35　设置叠于上方的"禁区"文字图层的不透明度为 48%，如图 6-112 所示。得到效果如图 6-113 所示。

step 36　画面整体已经完成，下面设计一些点缀来丰富画面的细节与完整度。首先选择一张类似红色液体的图片素

▲ 图 6-112　设置不透明度

材，如图 6-114 所示，利用它来制作刀刃上的血液效果。删去黑色背景，选取素材红色部分，利用【选区工具】及涂抹方法，制作成十字形状，置于文字层上方。

▲ 图 6-113　效果图

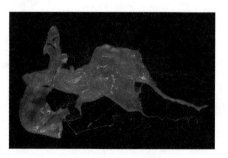

▲ 图 6-114　红色液体图片素材

197

step 37　新建图层，利用【画笔工具】绘制子弹洞痕迹的黑白对比图，再利用如图 6-115 所示图片素材叠加图层样式为其增添材质纹理。

step 38　欧美风格游戏 LOGO 设计制作完成，最终效果如图 6-116 所示。

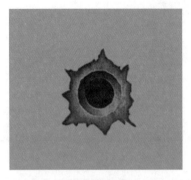
▲ 图 6-115　图片素材

▲ 图 6-116　最终效果图

6.3.2　Q版游戏LOGO设计案例

设计构思

Q 版游戏 LOGO 也会吸引很多玩家的注意力，下面使用 Photoshop 制作
Q 版游戏 LOGO。

设计规格

尺寸规格：1340×640 像素。

使用工具：钢笔工具、矩形工具、渐变工具。

设计色彩分析

采用鲜艳的颜色作为小怪物 LOGO 的主色调，使其有种可爱的感觉。

▲ R:252、G:199、B:7

▲ R:37、G:148、B:255

▲ R:156、G:6、B:140

▲ 效果展示

具体操作步骤如下：

step.01　在 Photoshop a CS6 中新建一个 1340×640 像素，分辨率 300 像素 / 英寸的空白文档，如图 6-117 所示。

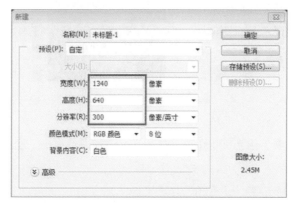

▲ 图 6-117　新建空白文档

step.02　使用【钢笔工具】绘制"ShybeeBoom"字样，具体步骤如图 6-118 至图 6-128 所示。"Shybee"字样颜色为 #f6c700，"Boom"字样颜色为 #2594ff。

▲ 图 6-118　步骤 1　▲ 图 6-119　步骤 2　▲ 图 6-120　步骤 3　▲ 图 6-121　步骤 4

▲ 图 6-122　步骤 5　　　　　　　▲ 图 6-123　拾色器

▲ 图 6-124　步骤 6　　　　▲ 图 6-125　步骤 7　　　　▲ 图 6-126　步骤 8

▲ 图 6-127　步骤 9

▲ 图 6-128　拾色器

step 03　使用【椭圆工具】用 #f69000 颜色在字样上添加斑点效果，设置参数如图 6-129 所示。效果如图 6-130 所示。

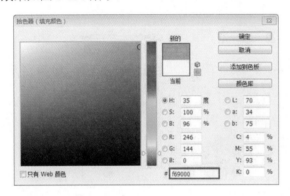

▲ 图 6-129　拾色器

▲ 图 6-130　添加斑点效果

step 04　用鼠标右键单击字母图层，在弹出的快捷菜单中选择【栅格化图层】命令，即可对图层进行编辑，如图 6-131 所示。

▲ 图 6-131　栅格化图层

step 05 按住【Ctrl】键的同时单击图层，出现图层选区后用鼠标右键单击，在弹出的快捷菜单中选择【选择反向】命令，如图 6-132 至图 6-134 所示。

▲ 图 6-132 选择选区

▲ 图 6-133 选择反向

step 06 按【Delete】键删去多余部分，得到斑点效果，如图 6-135 所示。

▲ 图 6-134 效果图

▲ 图 6-135 删去多余部分

step 07 使用同样的方法完成全部斑点效果的制作。对"Boom"字样使用 #5df4ed 颜色制作斑点效果，设置参数如图 6-136 所示。得到效果如图 6-137 所示。

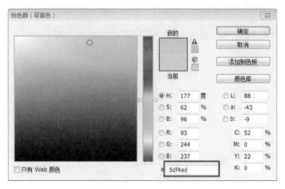

▲ 图 6-136 拾色器

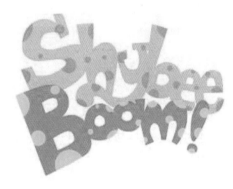

▲ 图 6-137 效果图

step 08 为每个字母添加图层样式：【描边】效果设置大小为 10 像素，位置为外部，混合模式为正常，不透明度为 100%，颜色为 #6f4004，如图 6-138 所示。

step 09 将"Shybee"字样图层和"Boom"字样图层各自合并成两个图层组，并添加图层样式。【描边】效果设置大小为 3 像素，位置为外部，混合模式为正常，不透明度为 100%，颜色为 #ffffff，如图 6-139 所示。

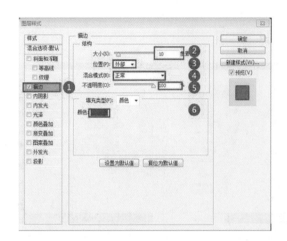

▲ 图 6-138　描边效果

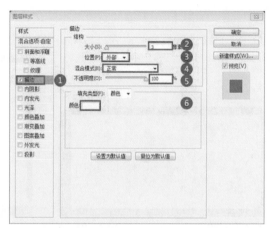

▲ 图 6-139　描边效果

step 10　将"Shybee"图层组和"Boom"图层组合并成一个大组，并添加图层样式。【投影】效果设置混合模式为正片叠底，颜色为#000000，不透明度为63%，角度为120度，距离为11像素，扩展为0%，大小为0像素，如图6-140所示。得到效果如图6-141所示。

step 11　使用【椭圆工具】用颜色#ffffff绘制眼白，用颜色#00b7ee绘制虹膜，用颜色#000000绘制瞳孔，用颜色#ffffff绘制高光，效果如图6-142所示。

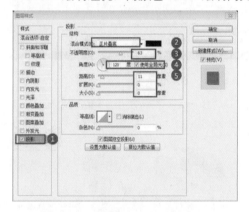

▲ 图 6-140　投影效果

▲ 图 6-141　效果图

▲ 图 6-142　绘制眼睛

step 12　使用【钢笔工具】绘制文字LOGO的背景框，为前背景颜色为#9c068c、后背景颜色为#42023b，如图6-143所示。得到效果如图6-144所示。

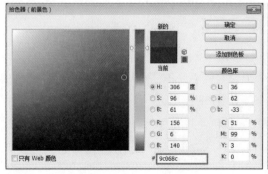

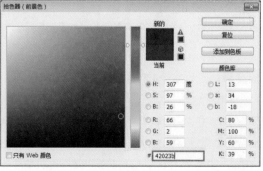

▲ 图 6-143　拾色器

step 13 新建一个图层绘制怪物角色，可参考第 4 章 4.3.2 节 Q 版风格游戏徽章设计案例中小绿怪的制作，此处不再赘述，小绿怪完成效果如图 6-145 所示。

▲ 图 6-144 效果图

▲ 图 6-145 小绿怪效果图

step 14 新建一个图层，绘制小红怪，使用【椭圆工具】和颜色 #cd0414 绘制出身体，如图 6-146 所示。

step 15 使用【椭圆工具】和颜色 #ffffff 绘制眼白和高光，用颜色 #352020 绘制眼黑。完成后栅格化图层，使用【矩形选区工具】选取多余部分后按【Delete】键删去，效果如图 6-147 所示。

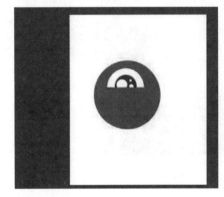

▲ 图 6-146 绘制身体

▲ 图 6-147 绘制眼睛

step 16 使用【椭圆工具】和【钢笔工具】绘制头部装饰和双腿，如图 6-148 所示。

▲ 图 6-148 绘制头部装饰和双腿

step 17 使用【椭圆工具】绘制嘴巴，颜色为 #562e2e，栅格化图层后使用【椭圆选区工具】

选取多余部分后按【Delete】键删去，得到一个微笑的嘴巴，如图 6-149 所示。

step 18 　使用【圆角矩形工具】绘制舌头，颜色为 #fb9dc7，舌头斑点颜色为 #ce4e87。完成后栅格化图层，用【椭圆选区工具】选取多余部分后按【Delete】键删去，如图 6-150 和图 6-151 所示。得到效果如图 6-152 所示。

▲ 图 6-149　绘制嘴巴

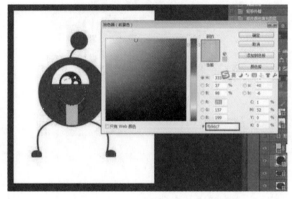

▲ 图 6-150　绘制舌头

▲ 图 6-151　拾色器

▲ 图 6-152　效果图

step 19 　使用【钢笔工具】和【椭圆工具】绘制双手，如图 6-153 所示。小红怪制作完成！

step 20 　将绘制好的两个小怪物放入 LOGO 适当的位置并调整好图层顺序，完成 LOGO 制作，如图 6-154 所示。选择【文件】→【另存为】命令，将文件保存为"JPG"格式。

▲ 图 6-153　小红怪效果图

▲ 图 6-154　最终效果图

6.3.3　像素游戏LOGO设计案例

设计构思

本小节案例是制作像素游戏 LOGO，在原有的像素人物基础上添加游戏名称制成 LOGO。现在类似这样的像素游戏 LOGO 并不少见，下面就来学习一下如何添加像素字体。

设计规格

尺寸规格：962×962 像素。

使用工具：矩形工具。

设计色彩分析

画面呈现紫色，让人感到温馨、温暖。

▲ R:233、G204、B218

▲ R:126、G26、B127

▲ R:240、G204、B161

▲ 效果展示

step 01　打开 Adobe Illustrator CS6，选择菜单栏中的【文件】→【新建】命令新建一个画板，设置画板宽度为 200mm，高度为 100mm，取向为横向，颜色模式为 RGB，栅格效果设置为 72ppi，单击【确定】按钮，进入画板，如图 6-155 所示。

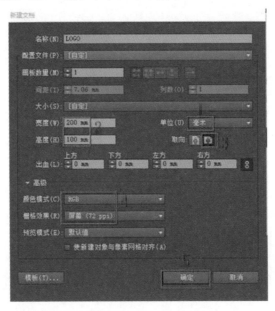

▲ 图 6-155　中新建画板

step 02   在菜单栏中选择【文件】→【置入】命令导入像素人物 ICON 的图片文件。单击当前【置入】选项的属性栏中的【嵌入】选项，嵌入图片至画板中，置于画板左方，相对画板上下居中，如图 6-156 所示。

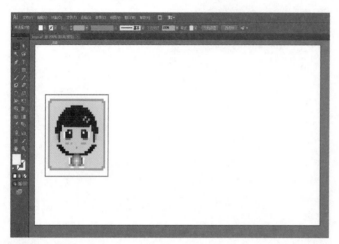

▶ 图 6-156　置入 ICON 图片文件

step 03   选择工具箱中的【文字工具】，在画板中单击出现输入框，输入文字 "KINGDOM OF"，选择像素类字体，颜色设置为 R:185、G:121、B:176，位置与 ICON 顶部对齐，如图 6-157 所示。

step 04   选择【矩形工具】单击画板并输入数值，绘制一个长度为 136mm、高度为 3.5mm 的长方形作为像素块，颜色同上设置为 R:185、G:121、B:176。置于 "KINGDOM OF" 下方，与 "KINGDOM OF" 左对齐，如图 6-158 所示。

▲ 图 6-157　输入文字

▲ 图 6-158　绘制长方形像素块

step 05   选择【文字工具】单击画板出现输入框，输入文字 "SYLVIA"，同样选择像素类字体，颜色设置为 R:127、G:19、B:128，位置与 ICON 底部对齐，与 "KINGDOM OF" 左对齐，如图 6-159 所示。

step 06   整理几个元素，调整至合适的距离，完成像素游戏 LOGO 制作。选择【文件】→【导出】命令导出文件的 JPG 格式图片，选择【使用画板】命令，最终效果如图 6-160 所示。

▲ 图 6-159　输入文字

▲ 图 6-160　最终效果图